寻味山西

张曼灵 著

北京出版集团
北 京 出 版 社

图书在版编目（CIP）数据

寻味山西 / 张曼灵著. — 北京 ：北京出版社，2020.6
ISBN 978-7-200-15545-7

Ⅰ. ①寻… Ⅱ. ①张… Ⅲ. ①饮食 — 文化 —山西 Ⅳ. ①TS971.202.25

中国版本图书馆 CIP 数据核字（2020）第 062108 号

寻味山西
XUNWEI SHANXI
张曼灵 著
*
北京出版集团
北京出版社　出版
（北京北三环中路 6 号）
邮政编码：100120

网　　址：www.bph.com.cn
北京出版集团总发行
新华书店经销
三河市嘉科万达彩色印刷有限公司印刷
*
880 毫米 ×1230 毫米　32 开本　5.75 印张　188 千字
2020 年 6 月第 1 版　2020 年 6 月第 1 次印刷

ISBN 978-7-200-15545-7
定价：49.80 元

山西的面食可谓名扬天下，具有“粗粮细作、细粮精作、用料考究”的特点，面食做法近300种。“中国面食在山西，山西面食在晋中，晋中面食在平遥”，从这句俗语可以看出，名扬天下的山西美食多集中在山西晋中，而晋中的特色面食又多在平遥。山西的面食以刀削面、荞麦饸饹、猫耳朵、面片儿最为著名。

山西除了特色面食，还有许多颇具地方特色的美食：山阴的“塞上冻兔肉”以独特的美味和滋补功效，在山西饮食界久负盛名，并远销德国、法国、英国、日本、意大利等多个国家；“稷山麻花”历史悠久，敢与“天津麻花”相媲美，深受广大食客喜爱和推崇；“过油肉”从选料到刀工，从腌浸到烹制，尽显山西风味特色；“平遥牛肉”肉质鲜嫩、肥而不腻、醇香可口、营养丰富，尤以养胃健脾之功效而深受广大消费者的喜爱和推崇；“绛州铜火锅”“凤临阁烧卖”“大同兔头”“浑源凉粉”等多种各具特色的山西美食，更是以配料精细、制作考究、口味独特征服了众多的食客。

我国当代著名学者、作家林语堂先生曾说：“人世间如果有任何事值得我们郑重其事的，不是宗教，也不是学问，而是吃！”可见，美食对于普通人而言，是一件多么认真和值得追求的事情。山西，以其深厚的历史文化底蕴和独特的地理环境，孕育出了许多风味美食，从民间到酒楼，从国内到国外，美食的传播越来越广。

让我们一起走进山西，寻山西之美味，探美食之奥妙，扬山西之美名！

目录 CONTENTS

长治
香绕太行扑鼻来 / 67

大同
食中翘楚在大同 / 95

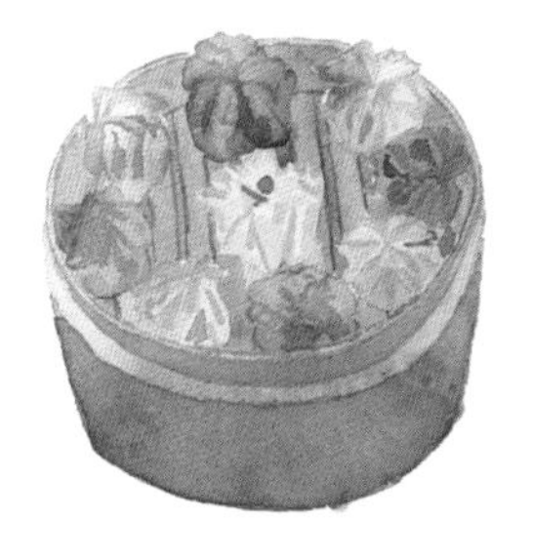

忻州
“杂粮之都”秀美味/155

阳泉
传统美味此处寻/171

行前必知

【山西印象】

山西有“中国四大佛教名山”之一的五台山，有“中国四大佛教石窟”之一的云冈石窟，有距今 2700 多年的“历史文化名城”平遥，还有山势险峻、地形险要、号称“三晋门户”的娘子关。

【地理】

山西因位于太行山之西而得名，它东依太行，西、南依吕梁山、临黄河，北依古长城，与河北、河南、陕西、内蒙古等省、自治区交界。

【气候】

山西日照充足，昼夜温差较大。春季风沙较多、气候多变，夏季雨水集中，秋季气候温和，冬季寒冷干燥。

【历史】

黄帝、炎帝都曾把山西作为活动的主要地区。之后，尧、舜、禹也先后在山西建都立业。约公元前 2070 年，中国历史上第一个奴隶制国家夏朝在晋南建立。到了南北朝时期，山西一度成为北朝统治的中心地带。之后，唐高祖李渊起兵太原，建立唐朝。

【民族与宗教】

东汉时期，佛教传入山西境内。到了南北朝时期，佛教在山西盛行。唐朝是山西佛教发展的极盛时期。

【文化与艺术】

广灵剪纸可谓山西一绝，它以生动的构图、传神的表现力、细腻的刀法、考究的用料与染色、精细的包装制作独树一帜，被誉为“中华民间艺术一绝”。

山西新绛县、襄汾县的面塑制品染色讲究，华丽别致；霍州一带面塑朴素雅致；而在忻州、定襄等地，面塑则以塑为主，着色为辅。

【美食偏好】

面食深受山西人青睐，单是种类就近300种，制作方法更是多到让人眼花缭乱，包括蒸、煎、烤、炝、烩、煨、炸、烂、贴、摊、拌、蘸、烧等，真正达到了博采众长、独树一帜的新境界。

山西菜又称晋菜，按照地域可分为晋中菜、晋西南菜、晋东南菜、晋北菜。晋中菜以太原为中心，兼蓄明、清两代商业较为发达的太谷、平遥、祁县等地的钱庄、票号等大字号的私家菜肴烹饪技艺，并吸纳了其他菜系（主要是鲁菜）的烹饪方法，逐步形成一套独特的地方特色菜肴。晋西南菜以临汾、运城等地的菜肴为代表，菜的口味偏辣、甜、微酸，烹饪方法以熘、炒、烩为主。晋东南菜以长治、晋城等地的菜肴为代表，多用熏、卤、烧、焖、蒸等技法，代表作品为高平十八碗。晋北菜以大同、忻州等地的菜肴为代表，采用烧、烤、炖、焖、涮等烹饪方法。口味偏重、油厚咸香是晋北菜的典型特点。

必游景点 TOP10

【平遥古城】

平遥古城是中国现存最为完好的四大古城之一，城墙周长 6163 米，墙高约 12 米，古城总面积约 2.25 平方千米。平遥旧称“古陶”，自明洪武三年（1370 年）重建以后，基本保持了原有格局。

【乔家大院】

乔家大院整座院落布局呈“囍”字形，全院设计精巧、布局严谨、建筑考究、精工细作、斗拱飞檐、工艺精湛，因高超的建筑工艺而被誉为“北方民居建筑史上的一颗璀璨明珠”！

【壶口瀑布】

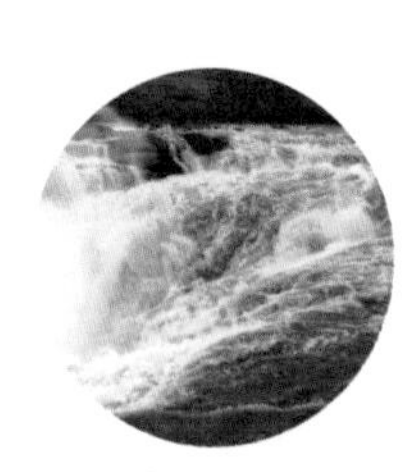

壶口瀑布是中国的第二大瀑布，也是世界上最大的黄色瀑布。壶口瀑布一年四季景色不同：春季壶口瀑布冰凌开始坠落；夏季大雨后，槽端溢满，会形成多股瀑布；秋季秋高气爽，山中红枫夹岸，瀑布高悬 30 余米，水帘挂入云端，景色颇为壮观；冬季冰封雪冻，往日飞瀑高悬处挂满冰凌。

【通天峡】

通天峡被称为“北方小九寨”，有丰富的地质奇观，包括几亿年以上的地质原貌，仿佛一座恢宏的地质博物馆。这里全年平均气温为 9.5 摄氏度，是极好的消夏避暑之处。

【王莽岭】

王莽岭因地处南太行山巅地势最险要处而被称为“太行至尊”。王莽岭地处险绝之境，林海苍莽，松涛弥耳。云海、日出、奇峰、松涛、挂壁公路、红岩大峡谷、立体瀑布等，形成了王莽岭独特而美丽的自然人文景观。

【皇城相府】

皇城相府是清朝文渊阁大学士兼吏部尚书加三级陈廷敬的故居，整个建筑群分内城、外城两部分，有前堂后寝、左右内府、书院、花园、鬼楼、管家院、望河亭等，被誉为“中国北方第一文化巨族之宅”。

【五台山】

五台山山势雄伟，由东台望海峰、西台挂月峰、南台锦绣峰、北台叶斗峰、中台翠岩峰组成。五台山殿宇巍峨、佛塔摩天，建筑金碧辉煌，寺庙鳞次栉比，是中国历代建筑荟萃之地。

【恒山】

恒山山脉东西绵延 150 千米，横跨晋、冀两省，自古就有“塞北第一山”之称。恒山以道教闻名，古往今来，它以奇险吸引着无数游人，有“恒山十八景”。

【蟒河】

蟒河景区内有猕猴、大鲵（娃娃鱼）、麝、金猫、金雕、金钱豹、大黑蝴蝶和山白树、领春木、青檀、红豆杉等珍稀动植物，堪称“山西动植物资源宝库”。景区内山秀如诗画，泉水清澈见底，有“北方小桂林”的美称。

【壶关太行山大峡谷】

壶关太行山大峡谷景区以五指峡、龙泉峡、王莽峡为主。刀削斧劈的悬崖、千奇百怪的山石、碧波荡漾的深潭、雄奇壮丽的庙宇构成了壶关大峡谷独有的魅力景象。

人气美食TOP10

【百花烧卖】

百花烧卖出自大同，它以状如花朵、口味多样、食之透香而闻名天下。

【头脑】

头脑是一种汤状食品。制作时，往一碗黏稠的汤糊里放入几块羊肉、两三片莲菜、些许长山药。汤里做作料的黄酒、酒糟和黄芪具有滋补、活血的功效。

【荞麦灌肠】

荞麦灌肠质地精细柔软，光滑细嫩，清爽利口。它是一种面制食品，既可热炒，也可凉拌，和山西凉皮、凉粉同为消夏之圣品。

【高粱面鱼鱼】

高粱面鱼鱼是忻州地区乡间百姓粗粮细作的一种日常食品，原料是普通的高粱。做好的高粱面鱼鱼，如河中一条条游动的鱼，故而得名。

【烤羊背】

烤羊背集形、色、味、鲜于一体。“眼未见其物，香味已扑鼻”，这是对烤羊背最真最诚的赞誉。

【平遥牛肉】

平遥牛肉从生牛屠宰、生肉切割、腌渍、锅煮等操作程序和操作方法，到用盐、用水以至加工的时令节气等，都十分讲究。制作出来的牛肉色泽红润、肉质鲜嫩、肥而不腻、瘦而不柴、醇香可口。

【上党腊驴肉】

上党腊驴肉以新鲜的驴肉为主要原料，搭配以各种香料、作料做成，香味四溢、回味无穷，有“天上龙肉，地上驴肉”之美誉。

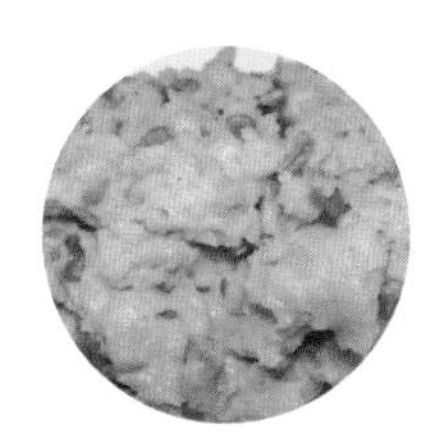

【糊嘟】

糊嘟盛行于山西阳泉，是用粗粮面与各种蔬菜混合熬制而成的一种食物，它包含了人体所需的营养成分，尤其是蔬菜所供给的丰富的维生素，简单适口，营养均衡，是现代人比较喜欢的食物。

【油锄片】

油锄片是吕梁当地一道颇具特色的美食，以外脆里酥、形似锄片而得名。它不仅是一种大众喜爱的风味小吃，也是当地人走亲访友的送礼佳品。

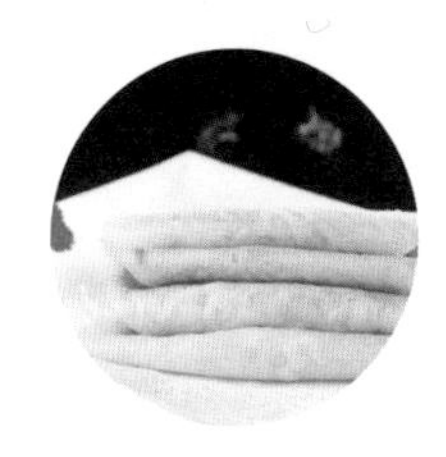

【潞城甩饼】

在潞城一带民间多用驴油制饼，制作时手眼配合，动作无误，甩出的饼才会厚薄均匀、食之筋道。吃甩饼时卷上腊驴肉，油汪汪、香喷喷，软硬适中，回味无穷。

古街古巷寻美味

最喜太原古朴素净的小巷，那些飞檐斗拱的古建筑、厚重古朴的色调，恰到好处地映衬出了太原应有的端庄典雅和悠久的历史文化。独立在繁华的街头，我仿佛嗅到了巷道深处飘来的香味，醇香绵长……

行住玩购样样通 >>>>>

行在太原

如何到达

飞机

太原武宿国际机场与全国各主要大中城市都有直航，可乘机场巴士或公共交通到达市区。

火车

太原有 3 个主要的火车站，分别为太原站、太原东站、太原南站。

公路

太原境内有太旧（太原到旧关）高速和原太（太原到原平）高速。

市内交通

公交

太原公交运营时间一般为6:00—22:00，票价为 1~3 元。

出租车

太原出租车日间起步价为 3 千米 8 元，夜间起步价为 3 千米 8.6 元。营运中停车等待计时，累计 5 分钟以 1 千米计价。

住在太原

太原柳巷亚朵酒店

地址　太原市迎泽区水西门街 25 号（康隆商场西 150 米）
电话　0351-6880808
价格　366 元起

酒店设施很新，环境优雅，服务周到，特别是大堂的休闲区有很多书。这里离美食街很近，可以品尝地道的山西美食。

桔子酒店·精选

地址　太原市小店区南内环街 16 号
电话　0351-4955777
价格　275 元起

酒店设施齐全，环境优雅，房间干净卫生，位于市中心，交通、用餐都比较方便。

玩在太原

晋祠

地址　太原市晋祠区晋祠镇
门票　旺季 70 元，淡季 50 元

这里山水环绕，古木参天。在如画的美景中，历代劳动人民建了近百座殿、堂、阁、亭、台、桥、榭，历史文物与自然风景荟萃，使人目不暇接，流连忘返。

纯阳宫

地址　太原市迎泽区起凤街 1 号
门票　30 元

这里俗称“吕祖庙”。吕祖殿是纯阳宫的主殿，位于院落的中央，是宫内最壮观的建筑。殿后的院落面积不大，建筑按八卦的方位而建，具有鲜明的道教建筑特色。

购在太原

山西老陈醋

店面　太原市各大超市
价格　5~15 元 / 斤

山西老陈醋是中国四大名醋之一，以色、香、浓、酸四大特征著称于世，素有“天下第一醋”的盛誉。

晋祠大米

店面　美特好超市（铜锣湾店）
地址　太原市迎泽区五一路 77 号 2 层
价格　6 元左右 / 斤

晋祠大米颗粒饱满，色泽晶莹，连蒸数次仍颗粒分明，素有“七蒸不烂”之说。吃起来清香爽口，有嚼头儿。

太原玉雕

店面　柳巷开化寺古玩市场
地址　太原市迎泽区开化寺街 63 号
价格　50~50 万元 / 件

太原玉雕的雕刻工艺精致、细腻，所用原料主要为娄烦县的玉石，盂县的绿软玉、刚玉，夏县的碧玉，临汾、乡宁县的玛瑙，品种多样。

开启太原美食之旅 >>>>>

恒义诚老鼠窟元宵

地址　太原市迎泽区钟楼街36号

电话　0351-2022391

老鼠窟元宵

皮薄馅足口味多

知道我喜欢甜食，且对元宵情有独钟，去山西之前，那里的朋友便向我推荐恒义诚老鼠窟元宵。“老鼠窟”？真是个奇怪的名字。尽管朋友再三向我解释“老鼠窟元宵”是因为地处钟楼街老鼠巷而得名，但我一向惧怕老鼠，所以委婉地拒绝了好友“绝对好吃”的推荐。

到太原那天，朋友来车站接我。春暖花开的清晨，我和朋友坐在车里，一边欣赏着美景，一边筹划着出游计划。有她这个土生土长的山西人做向导，可以不用走那么多弯路。

太原的名胜古迹很多，其中不乏飞檐斗拱的古建筑。这些散发着古典气息的建筑物如一部厚重的史册，记录着一个地区的过往和变迁，同时也呈现了一个地方独特的古朴之美，让人不由得赞叹和崇敬。朋友把车开得缓慢悠然，让我有机会慢慢欣赏太原古街的风貌，一饱眼福。到了吃早餐的时间，朋友一再保证不去那个“老鼠窟”吃元宵，于是我欣然接受了她的行程计划。

车子在一个巷口停下。我从车里钻出来，赫然望到了“恒义诚老鼠窟元宵”

的醒目招牌。不等我说话，朋友一把拉起我的手，“哈哈”地笑着朝店铺里走去。

进去才知道，恒义诚老鼠窟元宵早已声名在外，是家百年老店而且已入选山西省第二批非物质文化遗产名录，难怪朋友不顾我的反对，强烈推荐来这里品尝元宵。点餐之后，我仔细观察了该店铺。店铺没有想象中那么大，门面简简单单，朴素无华的陈设、干干净净的桌椅给人一种很舒心的感觉。来吃饭的人很多，有当地的食客，亦有和我一样的游客，他们大概是想品尝一下“味压群芳、誉满并州”的老鼠窟元宵究竟是何种滋味。朋友说，老鼠窟元宵皮儿薄馅儿满，味道甜中有香，有芝麻、白糖、桂花、玫瑰、花生等好几种馅儿，制作考究，配料精细，风味独特，因此深得众人喜爱。

待服务员将两份热气腾腾的元宵端上来，我立刻被眼前这色泽洁白、形似珍珠的鲜亮食物吸引住了。等不及放凉，我便拿起汤勺，舀起一个热气腾腾的元宵，轻咬一口，玫瑰和花生的香气瞬间扑鼻而来……我不明白这种惊艳的感觉从何而来。

原来，老鼠窟元宵从选料到加工制作，都有着严格而细致的要求。其中，每一颗元宵的生产，都要经历选料、浸米、配馅儿、滚元宵儿道工序。单说选料：老鼠窟元宵所采用的江米是以石碾而非机器碾制而成；所需的桂花、玫瑰花全部为花儿半开时采摘晾晒，过则不要。煮元宵时也非常有讲究：将水烧开，将元宵下锅，之后用勺背溜着锅底轻轻推动元宵，过片刻再推，以防元宵下沉粘到锅底露馅儿；待水再开时，点入些许冷水压锅，这样可确保元宵的馅儿煮熟；等水第三次烧开，片刻即可出锅。这样煮成的元宵不粘锅不露馅儿，滑嫩爽口，香甜无比，令人食之难忘。

原来，一个小小的元宵，竟也要如此精工细作，真是不易啊！

第一食堂

地址 太原市迎泽区菜园东街第三实验小学对面

电话 0351-7228690

糖醋丸子

漂亮养眼味鲜香

在山西，提起糖醋丸子，大家并不陌生。它不仅是各大饭店的主推菜品，也是家人欢聚共品的美食。那一颗颗油光鲜亮、浑圆似珍珠的丸子，只望上一眼便能让人食欲大开。为此，我和朋友不辞劳苦，寻街串巷，慕名寻访名震山西的“糖醋丸子”。

穿过太原古色古香的街道，我们来到迎泽区菜园东街，寻到了一家名为“第一食堂”的老字号饭店。这家饭店的店面虽然不大，而且也不是在主街道上，但是宾客盈门，食者众多。地理位置不占优势，店面装潢一般，却能在饮食界立足，并保持生意长盛不衰，想来这家店必然有着不同凡响的经营之道。

走进店里，我们寻了一张桌子坐下，这才有机会细细了解店内的情况。店里第一层是大厅，有十几张供五六人就餐的小桌子，看似拥挤却并不乱。听服务员说，第二层是包间，装修略微讲究，每间可供十人左右用餐，共有三间。第一食堂虽然地点偏僻，但因菜品种类丰富，价格适中，所以吸引了许多人来这里就餐，以饱口福。

听了服务员的介绍，我们先点了慕名已久的糖醋丸子，接着又点了剁椒鱼头、小米南瓜粥，还有店内新品“辣炒羊杂”。朋友是个天生的“吃货”，菜还没端上来，便已开始咂着嘴翕动着鼻翼，使劲地呼吸着环绕在店里的香气。我随意瞄了几眼邻桌的菜，惊讶地发现，大家不约而同地点了糖醋丸子！看来，今天这糖醋丸子是绝对值得一品的食物了！

糖醋丸子和剁椒鱼头很快就端上来了。那浑圆的“珍珠”色泽红润、通身浇满了汤汁，当真是“一盘珍珠盘中聚”。彼时，我和朋友早已是迫不及待举箸同食了。轻轻咬上一口，只觉外焦里嫩，酸酸甜甜，酥脆可口！

这么美妙的感觉，难道是此物只应天上有吗？

不，人间美味在太原！糖醋丸子是一道色、香、味俱全的汉族传统名菜，做法不难，可以自己在家做。先将猪肉按照肥、瘦为 1∶3 的比例切成块，绞碎，然后备下葱、姜、蒜、油、青椒、红椒，以及少许凤梨片，接着进入下一个环节——制作。将以上所备食材清洗干净，将青椒、红椒切成菱形片状，凤梨片切成 4 小块，葱切丝，蒜切成碎末备用。在绞碎的猪肉中加入干淀粉和鸡蛋，用筷子按顺时针方向搅拌成馅儿备用；然后在锅中放油加热，用汤勺舀出一小块拌好的肉馅儿，用手搓圆，而后放入热油中炸至金黄捞出。

接下来，就是美食出锅的美妙时刻了！在锅中放少许油，油一热即放入葱丝、蒜末、青椒片、红椒片和凤梨块，在锅中轻轻炒一下，加入糖醋酱，放入炸好的丸子一起翻炒，最后加入兑好的芡汁，搅拌均匀，一份完美的糖醋丸子便做成了！

听着厨师有条不紊地讲述制作丸子的整个过程，我的整颗心都蠢蠢欲动了。这要是出了太原城，回家自己是不是也可以施展厨艺大秀一把呢？

糖醋丸子香味绵长，勾人心魄，这是太原城留给我的一份多么美妙的记忆啊！

六味斋（柳巷店）

地址　太原市迎泽区柳巷南路50号（柳巷与钟楼街交叉口东南角）

电话　18835138978

酱肘花

缠花云梦入宫廷

太原真是个美妙的地方，我们可以在存着旧时光的街巷里漫步，寻找穿越千年的人间美味。六味斋酱肘花，便是我在对旧时光的寻觅中意外发现的。

六味斋酱肘花曾名“缠花云梦肉”。这个充满诗意的名字，出自唐朝《烧尾宴食单》。烧尾宴是唐朝五大名宴之一，是士人新官上任或官员升迁，招待前来恭贺的亲朋同僚的宴会。宋代陶谷的《清异录》中曾记载：“唐书臣源拜尚书令，上烧尾宴，家有食单，择其异者略记，缠花云梦肉……”可见，曾名“缠花云梦肉”的酱肘花在当时已作为珍贵佳肴供官宴时食用，后来成为宫廷贡品。那么，酱肘花究竟凭何特色打动了皇帝和大臣，受其青睐呢？“气味馥郁、色泽鲜亮、皮嫩肉烂、香味悠长”，这16个字道出了酱肘花独受青睐的秘密。

“六味斋”已有200多年的历史，是山西太原的中华老字号商标，被列入非物质文化遗产名录。从外观看，六味斋的门脸很气派，让人以为是很高档的酒楼，进去以后才知道，里面卖的都是风味小吃，有熟食，还有豆干、肉卷之类的食物，人气非常旺。

常言道："不吃六味斋，不算到太原。"既然是慕名前来品尝名满天下的宫廷贡品"六味斋酱肘花"，我们就直奔主题，要了一份酱肘花。果然有种很惊艳的感觉——皇帝选中的东西，就是不一般。六味斋酱肘花单从外观就让人感觉是肉质精良之品，它色泽红润，油光闪亮，闻之味香扑鼻，让我们食指大动。服务员介绍道："酱肘花品相好，吃起来口感也好，皮焦而不硬、软而不黏、肥而不腻、瘦而不柴，食之香味浓郁，余香满口。"这真不是服务员夸大其词，因为，我闻着香味儿就已经馋涎欲滴了！

六味斋酱肘花选料严格，加工精细。在制作时，六味斋会精心选取猪肘，再备下海盐、碎盐米、花椒、生姜、桂皮、茴香、豆蔻、香叶等各种调料和辅料。接下来，把选好的肉清洗干净，切成 15 厘米宽、25 厘米长的肉块，放入冷水中浸泡几个小时，将肉捞出控水，再用盐米和花椒反复揉搓入味。

之后，开始上火制作。往锅中加水放肉，按照每 50 千克肉加 1.5 千克盐的比例放入盐，水开后煮约 1.5 小时将肉捞出，去掉锅内浮油，只留老汤。然后将肉块在锅内码放好，加上装有茴香、花椒、砂仁、生姜、桂皮、八角、豆蔻、香叶等调料的纱布袋，盖上锅盖，接着蒸煮。待时间一到，便将煮好的肉放在大盘中凉凉，再用刷子把汤汁抹到肉皮上，切成片，一盘油光鲜亮的酱肘花便大功告成了！

酱肘花经过千年的风风雨雨，以其烦琐却不失精细的制作工艺和独特出众的美味，从宫廷到民间，从古代到现代，成为无与伦比的人间美味。

山西会馆

地址　太原市小店区体育路与南内环交叉口

电话　0351-7088885

槐花拨烂子

悠悠古韵家常味

“荤素搭配，营养有味”，如今，健康时尚的饮食习惯成了大众追求的生活标准。在尝过了受皇帝青睐的宫廷贡品“缠花云梦肉”之后，我们决定来一份别具山西本土风味的农家小菜，实现我们“荤素搭配”的目标。

在热心的太原市民的指引下，我们来到了小店区体育路与南内环交叉口，这里有一家地道的本土特色菜馆“山西会馆”。这家饭店的外观古朴庄严，木质的楼顶、成排悬挂的大红灯笼平添了一种旧时光的韵味。

山西会馆的内部装修处处体现了山西特色。墙上的壁画展现了老太原的街巷，你可以从这些壁画里，慢慢找寻经历时代变迁的城市印迹；店堂内部多陈设一些有着历史痕迹的老物件，如官斗、留声机等；过道和包房内的设置也多用老山西的元素来做点缀。如果外地游客想了解山西历史和老物件的来历，可以咨询会馆的服务员，他们会做详细讲解。山西会馆在经营方面也颇具特色，他们在为客人提供美食的同时，还为客人提供艺术和饮食方面的文化节目。一桌佳肴，彼时一袭旗袍着身的素雅女子“咿呀”而唱，间或一位大厨甩动臂膀，龙飞凤舞地进行面食制作表演，悠闲雅致，滋味绵长，既饱了口福，又饱了眼福，还添了情趣，怎能不叫人留恋。

当然，最能让食客驻足的，还是山西会馆里那些有着浓郁特色的美味佳肴，尤其是面食。

山西会馆可以做到一年365天每天的面食不重样。这些面食在大厨的神奇演绎下，变成了一道道不可多得的美味。

朋友说，这里的面食种类繁多，但她最青睐的是有着浓郁乡土气息的槐花拨烂子，因为它绵软适口，清香嫩滑，食后满口余香。

想来，女子以花为食，娇了容颜，美了身心，这是一件多么美妙的事啊！于是，我们毫不迟疑地点了这道槐花拨烂子。其实，槐花拨烂子还有一个名字叫“山花烂漫”。瞧，这个名字多么有诗意，让人浮想联翩：春天的槐花开满枝头，一串串雪白雪白的，在风中摇曳，美得不管不顾，像要夺走春天所有的美。这么有诗意的食品，吃起来一定滋味香甜，妙不可言呢！

果然，服务员将我们的“山花烂漫”端上桌时，我们一下便被这道菜的品相征服了。香葱、红椒和被面裹起来的槐花一起，红绿相衬，像极了春天山花烂漫的美丽景色！服务员告诉我们，拨烂子用的是高粱面，是粗粮，在拒绝大鱼大肉、注重养生的今天，是非常难得的美味佳肴。

轻轻尝上一口，这味道果然极好！它虽没有肉的醇香，但它的绵软可口、清香滑嫩，却是肉无法比的。这么美味的槐花拨烂子，制作方法却极简单。将采摘的新鲜槐花洗净晾半干，然后将高粱面与其混合，充分拌匀，放入笼屉蒸熟。在炒锅里放油，放入红椒和葱、姜、蒜、鸡蛋爆炒，最后倒入蒸熟的槐花，放入调料翻炒拌匀，撒上香葱段，即可出锅食用！

“山花烂漫”，果真是诗意和美味的完美融合！

串串叔叔

地址 太原市迎泽区柳巷北路铜锣湾小区必胜客向东50米

电话 4000991331

骨汤麻辣烫

鲜香麻辣滋味长

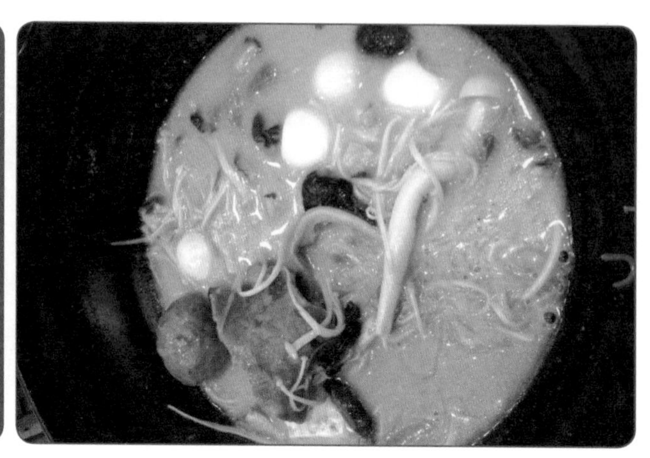

这一路走来，荤的素的都已略尝一二，接下来，素来对麻辣烫情有独钟的我，准备前往早已选好的就餐之处——串串叔叔。串串叔叔位于柳巷北路，环境好，地方大，味道棒，所以呢，人气相当旺。我是个喜欢热闹的人，一大帮朋友聚在一起，热热闹闹，吃起来特有感觉。

大约是饿了的缘故，前往串串叔叔的途中，我跑得飞快。朋友在身后急急地追我，嘴里一百八十个不情愿。在灯光和夜色的交相辉映下，“串串叔叔”四个大字映入眼帘。我迫不及待地奔过去，进入店中。店里的地方很大，多张桌子已经坐满了人，一个个正低着头津津有味地吃着。

浏览了一下，我才发现这里的环境布置得非常好，干净有序暂且不说，餐桌椅凳都是木制的，中间用低矮的篱笆隔开了，充满了田园的清新味道。离开就餐区往里走，靠墙的地方放着几个独立的木柜，肉类、海鲜、蔬菜以及豆类都分区放置，很是精细。这里的青菜绿油油的，叶子很干净；鱼丸是独立包装，非常卫生；盛水果的篮子很精致，洗净后的水果整齐地码放在竹篮里，新鲜而雅致。

正是晚餐时段，我和朋友不敢耽搁，赶紧拿了托盘开始挑选串串，免得晚一会儿没地方坐。我们顺着菜品区，各自挑了自己喜欢的菜，然后到收银台付款。服务员告诉我们，他家的秘制酱料和麻酱酱料非常好吃，麻辣烫汤汁也是特制的，放入串串，那口感没的说！

坐在桌边，服务员将做好的骨汤麻辣烫端上来，只觉串串的香气扑鼻而来。碗中仿佛五颜六色的奇异世界。我看着碗中的风景，虽然腹饥难忍，却不忍心拿起筷子搅了这份平静美好。朋友笑我，故意夹起自己碗中的菜，大口吃起来。我终于忍不住，轻轻夹起豆腐皮，送入口中。顿时，只觉酱香混合着汤香，直入口中，鲜香无比！不消半刻，一碗鲜香麻辣的串串就被我吃完了。为饱口腹之欲，我们又点了一些来吃，直到心满意足为止。

离开之时，我非常纳闷：吃串串也不是第一次，为何今天的感觉如此与众不同呢？原来，这家“串串叔叔”店，是太原德乐友餐饮公司自创的一家本地特色风味的品牌串串店。它成立于2010年，加盟店遍布全国。他家的秘制料包、秘制辣椒酱和酱包是自主研发的，食之鲜香麻辣、口感独特、味美无比。而且，他家的菜品种类非常丰富，有熟肉、海鲜、蔬菜、豆品、菌类五大系列，非常丰富。怪不得今天的串串有种与众不同的感觉，原来是太原自创的本土特色“骨汤麻辣烫”。

这么美味的骨汤麻辣烫究竟是怎么制作出来的呢？在市场上买两根筒子骨，回家用冷水浸泡，等血水泡出来后洗干净，和大料一起放入加了冷水的锅中熬汤，水开后转小火慢熬大约 1 小时，骨头的营养渗入汤内，呈乳白色，香味浓郁，然后将自己挑选好的蔬菜、肉和菌类放入锅中煮片刻，捞至碗中，加入秘制麻酱和辣椒酱，再浇以汤汁，如此，一份色、香、味俱佳的骨汤麻辣烫便可享用了！

清和元饭店

地址　太原迎泽区柳巷北路铜锣湾 A 座 21-26 号楼

电话　18134955155

清和元头脑

一盏灯笼门前挂

在太原，除了老鼠窟元宵，还有一种十分有名的早餐，那就是清和元头脑。清和元头脑迄今已有 400 多年历史。它还有另外一个名字，叫“八珍汤”。八珍汤是由羊肉、羊髓、酒糟、煨面、藕根、长山药、黄芪、良姜这 8 种食材熬成的汤，深受太原人的喜爱。

“清和元”的由来和明末清初的山西名医兼书法家傅山有关。清和元的前身是一家经营头脑的饭店，店主为人憨厚诚实，生意做得实实在在，从不欺客。后明朝灭亡清军入关，傅山目睹“家国之难”，忧愤之下选取 8 味食用材料，制出了药食兼具、强身健体的“八珍汤”。为使广大百姓获益，傅山先生将自己研制的八珍汤配方无偿捐赠给有经营头脑的这家店主，之后，擅长书法的傅山先生又为这家店题写匾额“清和元”。

据说，早年太原人有天不亮就起来吃头脑的习惯，也叫“赶头脑”，所以经营头脑的店铺门前都挂有一盏红灯笼。这么醒目的标志，也方便外地游客寻找店铺。

天刚蒙蒙亮，我们便已来到清和元。点完餐不一会儿，服务员便端上来一份腌韭菜和一碗白色的稠乎乎的羹汤，上面露出一块羊肉尖儿和一小片藕。朋友说："这就是太原有名的清和元头脑，尝尝吧。一次不喜欢，两次赛神仙！这里的头脑，越吃越上瘾。"

这头脑看起来不怎么样，我迟疑地拿起勺子，尝了一口，有种淡淡的酒味。朋友一口一口地吃得香甜，边吃边说："别看这一碗面糊普普通通，制作起来可麻烦了。要将羊肉、羊髓、酒糟、煨面、藕根、长山药、黄芪、良姜这 8 种食材备齐，然后将羊肉切成块，每块 100 克左右。将切好的羊肉放入 60 摄氏度左右的水中，待肉紧缩后捞出，撇去浮油，将肉和包好的花椒一同放入锅中，用温水把肉煮熟后捞出备用；将煨面上笼蒸熟；酒糟用冷水泡后用细筛过渣，控下糟水备用；山药切滚刀块；藕根切半月片。食材备好之后，把煮肉的清汤、糟水一起入锅煮开，将黄芪和肉下锅，水开后将肉捞出，把蒸好的熟面下锅，搅成糊状，放入山药和藕片。最后，把肉和山药、藕片等盛入碗中，加上羊尾巴油丁，盛入糊汤，至此，一碗头脑才算做成。"

朋友的这番讲解，让我对傅山先生留下的清和元头脑有了一个新的认识。再低头品时，果然汤香肉香，沁人心脾。

认一力

地址 太原市迎泽区柳巷桥头街156号

电话 0351-4128999
15513840099

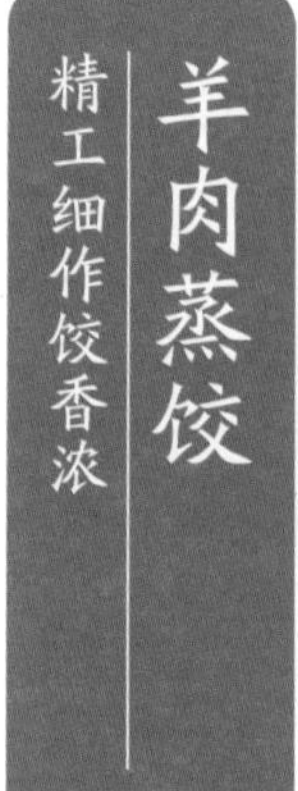

在太原，让人流连忘返的，除了美丽的景色，还有数不清的美食。不知不觉地，我们在那条水声潺潺的樱花河畔已度过大半个上午。正值腰酸腿乏、饥肠辘辘之时，朋友提议去品一品“太原十大名吃”之一的羊肉蒸饺。

朋友说，在太原，羊肉蒸饺算是食品界的精品，它鲜香爽口，营养丰富。来太原不尝一尝羊肉蒸饺，将是一大遗憾。听她这么一说，我一定要品一品这羊肉蒸饺。

于是，我和朋友一起驱车直奔目的地——认一力。认一力位于太原市桥头街156号，从创建之初到现在已有近百年历史，是太原的老字号清真饭店。认一力几经沉浮，历尽沧桑。如今，新建成的认一力，装修考究，气势恢宏，已经成为省级一流的清真饭店。它的羊肉蒸饺历经几十年，依然以其独特的口味和制作风格而让众人食而难忘，津津乐道。

因为饥饿，我们到了认一力便直奔主题，点了羊肉蒸饺。服务员介绍说，蒸饺的味道有好几种，有肉馅儿的，亦有素馅儿的，但最受欢迎的还是羊肉大葱蒸饺，它不仅味美独特，而且有防寒温补、强壮祛疾之功效。

因为去得早，人还不是很多，羊肉蒸饺很快就端上来了。蒸笼里齐整地码放着蒸饺，服务员介绍说，蒸饺用的是特制高筋粉，做成的面皮筋道有弹性；羊肉馅儿是手工剁的，将面和好擀成皮后，把做好的羊肉馅儿包进去，将饺子口捏好，这样蒸出来的饺子皮薄边小，晶莹剔透，让人胃口大开。

在这样一份色、香、味俱全的蒸饺面前，我早已按捺不住了，还没等服务员说完，我便伸出筷子，夹起一个饺子放入口中。不一会儿，盘子便见了底。

如此美味的羊肉蒸饺，究竟是如何做成的呢？

对于这个问题，服务员非常乐意为我们解答。他说，首先，先备好上等的新鲜羊肉馅儿，将花椒、茴香、桂皮、豆蔻、砂仁、白芷、白术、肉桂、丁香等在水中煮沸成大料水备用。之后，将羊肉馅儿放入盆中，加入上好的酱油、煮好的大料水，搅拌均匀。制作肉馅儿时，可根据季节的不同选用不同的配菜，春天的韭菜，秋冬的菠菜、西葫芦、白菜等，都可以与羊肉馅儿搭配食用。包好馅儿后上笼蒸熟，如此，一份香气宜人的羊肉蒸饺就做成了。

皮薄馅儿鲜、馨香满口、防寒祛疾、营养丰富，这些就是认一力羊肉蒸饺成为山西饮食界的“海上明珠”的法宝！

太原面食店

地址　太原市迎泽区解放路 5 号

电话　0351-2022230

平遥牛肉

色润肉嫩味醇香

走过了太原的古朴街巷，赏过了太原的烂漫樱花，朋友提议去解放路 5 号的“太原面食店”，那里的面食出众，平遥牛肉也名冠南北。

提起平遥牛肉，相信大家并不陌生，著名歌唱家郭兰英的一曲山西民歌《夸土产》里就有“平遥的牛肉太谷的饼”。平遥牛肉不仅是平遥人的骄傲，也是所有山西人的骄傲。

大概从明代开始，平遥牛肉就以其肉质鲜嫩、醇香可口而闻名山西，到了清代更是被定为宫廷贡品。中华人民共和国成立之后，平遥牛肉以其精湛的制作工艺和出众的口味得到人们的广泛认可和肯定，不仅被评为全国名产，更远销朝鲜、蒙古国、新加坡、印度尼西亚等多个国家。

平遥牛肉，究竟是何种滋味呢？我和朋友信步来到太原这家有着近 60 年历史的老字号饭店“太原面食店”。太原面食店的面食在太原可谓出类拔萃，有状如梅花的烧卖，有酸辣可口的剔尖儿，还有独创的“面筵”，风味独特，吸引了万千食客。此外，太原面食店还有闻名天下的平遥牛肉，我们正是为它而来。

正午的时候，进店吃饭的客人不少，我们进去的时候，刚好有一对年轻情侣离开，空出一张靠窗的桌子，免去了我们的等待之苦。我们点了一份本店的特色美食“八宝玲珑面”，一份“踏雪寻梅”羹汤，一份平遥牛肉。然后，我们一边欣赏街景，一边等餐。饭店上餐的速度很快，过不多时，我们点的餐已经端上桌。那道“踏雪寻梅”羹汤看上去十分养眼，先不说味道，单是名字就充满了诗意。平遥牛肉果然肉质鲜嫩、色泽红润，几点新绿点缀得恰到好处。半碗麻辣酸香的酱红色蘸汁，粒粒芝麻浮在上面，如雏鹅戏水，如花落江面，与整个餐饭搭配起来，让人食欲大开！

这么美味的牛肉，应该是用来细品的。朋友夹起一块牛肉送进口中慢慢细嚼。我也细细品上一口，果然有肥而不腻、醇香宜人的感觉。据说，这样美味的食品，制作起来是十分讲究的，从用水、用盐，到节令气候，都有着非常严谨的制作工序。

平遥牛肉的制作工序总结起来是三个字：杀、腌、煮。“杀”就是在牛的脖颈上来一刀，让牛血快速放净，这样可以保持牛肉色泽红润。“腌”是把牛肉切成 16~26 块，每块划上几道刀痕，揉入盐，再放入盛食用碱水的大缸中浸泡，用牛胃捂住缸口。放盐量和浸泡时间根据季节不同而变化：每百斤肉冬季用盐 3 公斤，夏季 5 公斤，春、秋两季 4 公斤；浸泡时间为冬季 1 个月，夏季 5~7 天，春、秋两季半个月。“煮”的关键是要掌握好火候，“水深要把肉漫过，汤沸锅心冒小泡”，也就是说，煮肉时以水盖住牛肉为宜，第一次煮的时候火要大，渐次减弱，至八成熟，再调成小火慢慢炖煮，每锅煮 12 个小时。肉在炖煮期间不要加盖，漂浮在汤上的油会形成自然的“锅盖儿”，既保温又透气，还能使牛肉中的腥味和水分散发掉。最后，将煮好的肉捞出，放在案上晾干，或挂起来逐渐降温，而后收拾储存。掌握了这几个要点，做出的牛肉自然味道出众。

杨记灌肠
地址 太原市迎泽区食品街35号
电话 18935182015

荞麦灌肠

色美味鲜荞面香

荞麦灌肠是山西著名小吃，不仅出现在平民百姓的家庭餐桌上，亦被精工细作登上餐厅、酒店等大雅之堂，被称为“平民中的贵族”。

在太原，几乎大街小巷的饭店里都有荞麦灌肠。它是一种面制食品，既可热炒，也可凉拌，和山西凉皮、凉粉同为消夏之圣品。春夏相交之际，正是荞麦灌肠风靡之时，于是，我和朋友一起前往太原市有名的杨记灌肠店。

杨记灌肠店位于太原市迎泽区食品街，红漆木门看起来古色古香，夜晚的灯光打起来，五颜六色的木制顶棚和灯光交相辉映，很有些富丽堂皇的感觉。进入店内，迎面的墙上镶嵌着一块大匾，上面是关于“杨记灌肠”的制作方法和口味等的介绍。

我们在收银处交了钱后，就拿着相应的饭票，去里面取灌肠。白细瓷的碗里齐齐整整地放着浅褐色的长条状面，这就是灌肠。上面淋了鲜红油亮的辣椒酱，还有醇香扑鼻的芝麻酱，看上去相当不错。朋友说，杨记灌肠的辣椒酱是独家秘制的，香而不辣，非常适合喜辣又怕过辣的人。若是没了这份辣椒酱，估计灌肠的味道会失色很多。此外，这家的卤汁据说是用许多味中药熬制而成的，既美味又保健，所以非常受欢迎。

我轻轻地将放好卤汁的灌肠搅拌均匀，然后夹起一块放进口中。味道果然不错，嫩滑爽口，又酸又辣又香，非常适合我。大概是因为价格亲民，分量足，再加上味道很棒，所以杨记灌肠的生意一直都很好，它是这条街上唯一一家吃饭需要排队的店，不愧为多年老店。

灌肠最早起源于夏商周时期，人们将宰杀后的动物内脏及碎肉腌制储存于动物肠内，称为肉灌肠。到了明代灌肠经过精研细作后被奉为宫廷名菜，后盛行于清代。在当时，除了肉肠，还有粉肠。据记载，有挑担小贩经营粉肠：“粉灌猪肠要炸焦，铲铛筷碟一肩挑。特殊风味儿童买，穿过斜阳巷几条。”后来，因晋地贫寒，肉食极少，盛产杂粮，而荞麦居多，所以荞麦灌肠开始盛行（此时的荞麦已不灌于肠，但仍呼作荞麦灌肠）。如今，荞麦灌肠已风靡太原的大街小巷，因其口味独特，而成为老幼皆喜的特色小吃。

荞麦灌肠味美，制作过程也简单。将荞麦面和白面放入盆内，加入食用盐、白矾，然后加水将面朝着一个方向搅动成稀糊状，搅成之后用手抓起看似一条线即可。接下来，将小碟洗净刷油，依次放入蒸笼内，将搅好的荞麦面糊舀入碟子中，量以覆盖碟子的 2/3 为宜，盖上盖子蒸熟，然后取出切条。荞麦灌肠做好后，好吃与否就看它的卤汁了。杨记灌肠之所以这么火，主要是因为卤汁的味道非常地道，浓郁鲜香，让人回味无穷！

一份普普通通的灌肠，一道实实在在的美味，这就是杨记灌肠，一道被称为“平民中的贵族”的美味食品。

美景美食同争俏

“春妆醉美花之海，粉黛含羞俏运城”，四月的运城，暖风拂面，桃红柳绿，浅香宜人。值此春暖花开、香满运城之时，穿一袭薄衫，约三两好友，带一颗品尝美食的心，与运城的美食来一场完美的邂逅，也是人生的一桩幸事。

行住玩购样样通 >>>>>

行在运城

如何到达

飞机

运城的机场为运城关公机场，又称运城张孝机场，目前已开通运城至北京、上海、广州、南京、杭州等20多条航线，通航城市近40个。

火车

运城的火车站为运城站和运城北站，其中运城北站为高铁站。

客车

运城市客运站有发往北京、太原等城市的车次。

市内交通

公交

运城市公交车夏季运行时间一般为6:30—19:30，冬季运行时间一般为6:30—18:30。

出租车

运城市出租车白天起步价为2千米5元，超过2千米，每千米运价1.5元；晚上起步价为2千米5.5元，超过2千米，每千米运价1.8元。

住在运城

恒泽大酒店

地址 运城市盐湖区新城区学苑路88号
电话 0379-26188888
价格 278元起

酒店装修豪华，集客房、餐饮、会议于一体，地理位置优越，交通便利。

金鑫大酒店

地址 运城市盐湖区槐南路88号
电话 0379-22599999
价格 374元起

酒店地理位置佳，距离关公机场仅需20分钟车程。酒店内设施齐全，服务热情周到，房间装修很好。

玩在运城

解州关帝庙

地址　运城市盐湖区解州镇
门票　旺季 60 元，淡季 50 元

解州关帝庙是我国现存规模较大的宫殿式道教建筑群和武庙，被誉为“关帝之祖”“武庙之冠”，它的总面积约 22 万平方米。

鹳雀楼

地址　运城市永济市蒲州古城西面的黄河东岸
门票　50 元

鹳雀楼位于黄河岸边，与武汉黄鹤楼、洞庭湖畔岳阳楼、南昌滕王阁一起被誉为“中国古代四大名楼”。

购在运城

稷山板枣

店面　康斌稷山板枣店
地址　运城市空港区康洁杰中学中门
价格　5~30 元 / 斤

稷山板枣以皮薄、肉厚、核小著称于世，是历代朝廷贡品。它口感细腻，含糖量高，含丰富的维生素和矿物质，堪称“中华枣中之王”。

王过酥梨

店面　运城市各超市均有售
价格　1.3 元 / 斤

王过酥梨果实大、色泽金黄、皮薄、肉质细嫩、汁多味甜、酥爽可口，食后止渴、祛火化痰，为梨中精品。

开启运城美食之旅 >>>>>

闻喜花馍卫嫂店

地址　运城市闻喜县凹底粮站（凹底村东街8号）

电话　0359-7090200

闻喜花馍

巧夺天工滋味香

四月的运城，桃红柳绿；四月的闻喜，荷香满池。诚然，运城让人们念念于心的，有“中国宰相村”的人杰地灵，也有汤王山旧址的沧桑印记，但是最让人难以忘怀的，是独一无二、名满山西的特色美食“闻喜花馍”。

闻喜花馍是山西运城闻喜县的汉族传统名点，迄今已有1000多年的历史，因制作考究、花样繁多而被命名为“闻喜花馍”。2006年，闻喜花馍入选山西省省级非物质文化遗产名录。2008年，闻喜花馍被列入国家级非物质文化遗产名录。

这么珍贵且“厉害”的闻喜花馍，究竟在哪里才能找到呢？一辆迎亲的花车从眼前慢速驶过，在不远处的巷道里停了下来。朋友立刻提议说：“新郎迎亲当天是要给新娘家带上头糕花馍的，我们可以跟去那里看看！”上头糕花馍即闻喜花馍的一种，据说，新娘出嫁、生日寿宴等庆典场合会用到代表不同吉祥寓意的闻喜花馍。当下，我俩一拍即合，起身向巷道里迎亲的花车走去。

我们远远便看到红彤彤的大红“喜”字贴在新娘家的门楣上，喜庆且吉祥。新郎很英俊，一副幸福满满的模样。但更令人惊艳的是新郎今天带来的迎亲礼品上头糕花馍。这是一个约 8 斤重、直径约 40 厘米的大型花馍。花馍的中间是一个红彤彤的石榴，色泽鲜艳，红得诱人；石榴周围是五彩丝线和一对栩栩如生的龙凤呈祥图案；花馍的四周布满了五彩缤纷的鲜花，仿佛一个春天的花园，色泽艳丽，明媚喜人；花馍的底座是莲花座形状，由许多小枣糕组合而成，这些小枣糕表面光滑细腻，泛着绸缎一般的光泽，上下的圆心里各嵌进一枚鲜红的枣，更显得莲花底座层次清晰，布局均匀。整个上头糕花馍看起来喜庆美好。

正在赞叹之际，新郎一方有人将上头糕花馍中间的石榴拿了下来。我不由纳闷：这是为何呢？原来，这个石榴是有寓意的，希望新郎新娘早生贵子，与有些地方用枣、花生、桂圆、瓜子表示“早生贵子”类似。当新郎新娘在娘家行礼完毕出门时，新娘的妈妈将上头糕花馍根部的一段切了下来，让新娘带到婆家，寓意姑娘出了娘家门，以后就要在婆家扎下根基。新娘的妈妈将上头糕花馍余下的部分切成小块，分送给亲戚和邻居品尝，表示鸟儿要飞高飞远了。新娘的妈妈是位好客的人，因此，那日我们也有幸分得一块喜糕，我当时就忍不住咬了一口，那来自大自然的面香和聚合天地之灵气的悠悠枣香混合在一起，不仅满足了我的口腹之欲，还让我品尝到了满满的幸福味道。

闻喜花馍味道极好，制作起来也非常讲究。首先是选料。制作花馍的面粉须是北垣面粉。北垣地处峨嵋岭腹地，此地的小麦生长周期长，麦质优良，做出的馍清香筋道、甜中带香。制作花馍的水为北垣的水，这样才能制作出原汁原味、彰显本土特色的美味。

接下来是发面。花馍发面不用酵母，而是用玉米面制酵。在发面的前一个晚上发酵水，第二天将发好的酵水和面粉搅拌，加水起面揉面。揉面次数不低于 8 次，这样揉出的面才光滑有弹性。揉面时加入适量的牛奶、蜂蜜或醋，可使蒸出的馍细腻洁白、筋道喷香。这之间还有一个“醒馍”的过程，也非常关键：把捏制好的面塑品放在热笼里，中间放上一碗热水，用棉被盖严，待馍醒发后，即上笼蒸制。给花馍上色是最后一道工序。待花馍出笼，须趁热给花馍涂上相应

的颜色，这样不易褪色，且颜色亮丽。待颜色晾干，再用竹签把花瓣等需要组合的部分进行组合，这样，一个精巧别致的花馍便做出来了。

如此巧夺天工的稀罕物，在哪里能买到呢？闻喜县凹底粮站有一家“闻喜花馍卫嫂店”，是专门制作闻喜花馍的地方。他们制作的花馍种类繁多，有“龙凤呈祥”“寿比南山”“生日快乐”“威武龙王”“孔雀开屏”“鹤翔九州”等多种式样，栩栩如生。

考究的制作、繁多的式样、逼真的造型，使闻喜花馍得以发扬光大。它不仅凝聚着闻喜人民的勤劳，更凝聚了闻喜人民的智慧。

方燕烤猪蹄（稷山总店）

地址 运城市稷山县稷王路中小企业局楼下

电话 13835871965

烤猪蹄

软滑筋道滋味美

与“方燕烤猪蹄”相遇纯属偶然。4月的稷山，油菜花开得漫山遍野，热烈奔放。羊群悠然地行走在碧绿的青草地上，尽情地享受着自然界赐予的肥美水草。我从绿意盎然、山花烂漫的山野回到稷山县城的时候，被一家店前排着的长队吓到了。生性好奇的我不由得走过去一探究竟。突然，有猪蹄的香气飘过来，醇香诱人。原来，这是稷山一家名为“方燕烤猪蹄”的食品店，门前长长的队伍则是等待买猪蹄的人们。

我不禁纳闷，这方燕烤猪蹄究竟是什么美食，竟引来如此多的好食者？我近身去看，只见小小的操作间里，一台长长的烤炉上依次放着两排油光锃亮的猪蹄，猪蹄在热火的熏烤下发出“噼里啪啦”的声音，像是撩人食欲的跳动音符。旁边烘烤的师傅熟练地把调料撒抹在猪蹄上，顿时，料香、肉香一起穿过橱窗扑鼻而来。几分钟时间，一个肥美鲜嫩的猪蹄已经烤成。一位师傅麻利地将猪蹄放进由花生、辣椒和花椒等各种调料制成的蘸料里，迅速将猪蹄翻滚一下，然后拿出装进袋子，递给等候的顾客。

看着这么美味诱人的食物，我也不由得加入等候的队伍中。据旁边等候的食客讲，方燕烤猪蹄软滑糯香、肥而不腻、皮酥肉嫩，而且价位适中，所以非常受食客欢迎。

轮到我的时候，已经是半小时之后了。按我所求，一位师傅麻利地拿刀将猪蹄分成几小份，并拿出一个白瓷盘子，在上面铺上一层绿叶，然后将猪蹄一一放好。瞬间，一份色、香、味俱佳的美味猪蹄呈现在我眼前。我接过盘子，情不自禁地顺手拿起一块放进口中。那口感，果然如刚才食客所说，软滑糯香、皮酥肉嫩。我端起猪蹄走进旁边的小吃店，要了一份饮料和一份小吃作为搭配，结果小吃还没有上来，饮料和猪蹄已被我风卷残云般消灭干净。完毕，仍觉余香满口。

我心想，这么美味的方燕烤猪蹄，制作方法一定是独到且考究的。确实，皮酥肉嫩、香透入骨的方燕烤猪蹄，是由其创始人焦正方在原有的猪蹄卤制技术上，融合以现代的烤肉之法，将卤煮成熟的猪蹄放置在无烟烤炉上进行再加工制成的。他在原有的九种传统口味上，增加五种新口味，成就了猪蹄界的“九五之尊”，是猪蹄制作上的一个重大突破。其中，无烟烤炉烤制分为两种，一种为文火烤制，另一种为猛火烤制。文火烤出的猪蹄软滑糯香、肥而不腻、入口即化，食之唇齿留香；猛火烤制的猪蹄，皮酥肉嫩、筋肉弹牙、香透入骨、回味绵长。一样的猪蹄，不一样的味道，这就是方燕烤猪蹄有别于传统猪蹄的神奇之处。

文如“东坡肘”，武胜“烤羊腿”，如此美誉，也只有独家创制的方燕烤猪蹄才受得起吧！

方师傅裤带面

地址 运城市芮城县风陵渡镇西柏台小学对面

电话 15935598421

裤带面

浓厚的乡野味道

在山西，无论是走进太原，还是踏入运城，如果不来上一碗热腾腾、滑溜溜、火辣辣的面食，那就感觉有违这山西之行。山西的面食可谓口味多多、花样多多，猫耳朵、莜面栲栳栳、剔尖儿等众多面食小吃，无不以其独特的制作方法和口味为众人所喜爱。在运城，面食中的佼佼者是被称作“裤带面”的一种面食。曾经，它是一种面条像裤带、辣子为主菜的“陕西八怪”之一，后传入山西，被山西人融入当地的制作方法，成为一种独特的美味，受到了众食客的青睐。

裤带面也叫扯面，但是，它的制作方法又有别于扯面。扯面的适应范围极广，它在制作的过程中融合了当地的饮食习惯和风格，并经过精心改制，成了符合当地人口味的一种面食。裤带面是关中人根据当地食客的口味、饮食需求，以及食物制作的要领而制作的一种特殊面食。正宗的裤带面，一根面条的长度可达 1 米，宽两三寸（6~10 厘米），厚度无定，全凭扯面师傅的手艺，厚时如一枚硬币，薄时则如蝉翼。

四月的运城，花香扑面，我们一边沉醉在美景里，一边寻找曾为“陕西八怪”之一的裤带面。在热心市民的指引下，我们来到了位于运城市芮城县风陵渡镇西柏台小学对面的方师傅裤带面这家店。非常幸运，每次进到饭馆，我们总能寻到靠窗的位置。正是午餐时间，店里吃饭的人不少，服务员来回奔忙着招呼客人，气氛很热闹。趁着等餐的时间，我观察了一下餐厅，餐厅的装修水平一般，但整个店内布置整洁有序，温馨暖人。服务员虽然沏茶倒水端饭忙个不停，但脸上始终露着笑容。我们点了面，还有一小份调味的蘸汁和番茄鸡蛋卤。等了一小会儿，服务员将我们的面端上来，只见碗里盛着些细腻光滑的面，配料十分丰富，观之色味俱佳。朋友拿起筷子，从碗中挑起一根面条，面条果然很宽，足有两三寸的样子。

已是饥肠辘辘的我们当下便拿起筷子开始蘸酱吃面。这家的面条果然细腻、筋道。邻桌的一位大哥吃得香甜，不消片刻，面、蘸汁和肉卤便都被消灭干净。完毕，这位大哥打着饱嗝，一副心满意足的样子，起身离座。朋友看得有些目瞪口呆，我则不管不顾，埋头专心吃。据说，裤带面最受饭量大的关中人的喜爱，上山扛石头、拉车子都是重体力活儿，身强体壮的他们吃上一碗筋道、光滑的裤带面，既耐饥又美味，五六个小时不吃不喝也不觉得饥饿，非常受用，故此有“三秦面条真不赖，擀厚切宽像裤带。面香筋道细又白，爽口耐饥燎的太（好得很）”一说。

其实，这么好吃又受用的裤带面做法并不难，但是要掌握技巧。发面、醒面、扯面这三项掌握得当，便可做出香喷喷、热辣辣、细腻腻的裤带面来。首先，将面粉、酵母倒入盆里，加水和面，揉到盆光、手光、面光才可。面要偏硬些，醒发 1 个小时后，把面分成七八十克大小的面剂子，然后在手中搓成条状，放入盘中刷油，盖上袋子或保鲜膜，15 分钟后，用擀面杖将其擀开。等锅中水烧开，便甩动双手将面扯好，放入水中煮熟，待出锅之时，再放入青菜，轻轻烫一下，然后一并捞出。食客或蘸酱，或浇卤汁，美美地来上一碗，便饱了口福。

“一根面条筋光光，一道美味暖心肠。山里汉子都喜它，扛石拉车挑大梁。”这就是裤带面，一道让山西人念念不忘的美食。

赵氏四味坊

地址 运城市稷山县稷王南路南端路东

电话 0359-5528778

稷山麻花

可与天津麻花相媲美

稷山的城，楼中有景，景中有楼，楼景相连，景楼相映，既有田园风光的秀美，又有现代都市的格调，旖旎无限，风光大好。当你陶醉在这样的秀美风景里不能自拔时，可别忘了，稷山的美食和美景同样诱人呢！

边走边看之间，在巷道与一老伯相遇。老人须眉皆白，却身体健朗。据老伯说，稷山麻花是运城美食界一绝，它原是宫廷食品，最初流传至民间时，因物质资源的匮乏和制作手艺的简单，乡民们只把两股面搓好，扭在一起，入锅油炸，做成了最初的简单麻花形状。后因其入口脆香、酥甜爽口而深受人们喜爱，并逐渐成为日常小吃和款待宾客的佳品。后来，当地有个商人，从麻花中看到了商机，他在原来简单粗糙的制作工序上精工细作，取长补短，做出了三股的新型麻花，并且使麻花的口感变得更好。之后，他将麻花拿到街市上出售，没想到，平时普通人家也可制作的麻花，经过商人的改进后，竟赢得众人的认可。自此，稷山麻花开始以商品的形式进入大众视线。后经过上千年的浮沉变迁，到了清代，乾隆皇帝出巡江南时，大学士纪晓岚向乾隆皇帝推荐已是当地名吃的稷山麻花。乾隆皇帝品尝后，由衷赞叹：“形如绳头，香酥可口。出类拔萃，别具风味。”有了皇帝的称赞，自此，“稷山麻花”就被列为朝廷贡品，并随之声名大振。

谈话之间，老伯已带我们来到一个路口。老伯说：“这就是稷王南路南端的路口，再往前走一点，就到了稷山麻花最大最正宗的店——赵氏四味坊。”循着老人指引的方向，我们来到了赵氏四味坊。一踏进店门，我们就感受到了服务员的友好和热情。店内的商品琳琅满目。麻花的包装有简装的、精装的。口味有五谷香、爽心甜、到口酥、家常脆、甜的、咸的、巧克力的等，应有尽有。我顿时觉得很惊讶，只不过是简简单单的一根麻花，口味居然可以如此丰富，真是令人叹为观止。服务员笑道：“虽然只是一根普普通通的麻花，但也有诗为赞——八字一扭游江津，大汗淋漓显风韵。入口即化舌留香，原是白面一根筋。”服务员顺口将稷山麻花的制作过程和口感等通过诗句表现出来。我不由心中赞叹，稷山麻花虽小，却蕴藏着深厚的文化底蕴啊！

我素来喜甜，在服务员的热心介绍下，我挑了巧克力味的麻花。打开包

装，呈巧克力色的麻花展现在眼前，完全是一副我喜欢的小吃模样儿。这样的美味岂可错过。我轻轻咬上一口，果然是入口酥脆，甜味爽心。我当下决定买几包，其中的一包送给陪我多日的好友，剩下的带回家去孝敬爸妈。这样，才不算白来稷山一趟。

稷山麻花从小作坊走向大市场，靠的是精益求精的制作态度。制作时，店家先分别加冷水将明矾和碱面溶化，将碱水倒入明矾水中搅匀，制成疏松剂。将面粉、糖、油和疏松剂混合搅匀后，加入水和成面团，将面团放上 40 分钟，之后将面团分成同等分量的小块，做成小条，然后逐个搓成 40~50 厘米长的粗细均匀的细长条（注意，一定要搓长，而不是拉长），搓好后折叠一下，顺时针方向拧成绳状，之后双起搓成铰链状的生坯。待油锅加热后，将搓制好的生坯放入锅中炸，浮起后翻过来，待颜色炸至金黄捞出，等降温后便可食用。

精致小巧、金黄油亮、酥香脆爽、唇齿留香，这就是稷山麻花的特点，它正以其独有的丰富口味和精细的制作技艺，从小城乡走向大都市，从中国走向世界！

解州王剑羊肉泡

地址　运城市盐湖区解州镇运永线解州中学向北40米路西

电话　0359-2801388

羊肉泡
经典美味传千年

关公的忠义，一向为世人所敬重。关公的勇武，一向为世人所佩服。刘、关、张的“桃园三结义”，更是被世人津津乐道。运城和关公结下了不解之缘。

运城的解州镇是关公的故乡。解州的关帝庙始建于隋开皇六年（公元586年），一千多年的风风雨雨毫不留情地在曾经鲜亮的红墙绿瓦上留下了岁月侵蚀的痕迹，庙门上有“精忠贯日”和“大义参天”八个大字，在已经褪色的红墙绿瓦的烘托下，庄严肃穆。关帝庙内，古木参天，景色秀美。正庙规模宏大，雕梁画栋，气势非凡、长须美髯的关公威武地坐于正中。“结义园”“春秋楼”“长寿宫”“崇宁殿”等建筑布局严谨，层次分明，每一处都有故事，让人

在对关公身世和生平事迹有所了解的同时，又生出许多敬仰。

从解州的关帝庙出来，已近午时。我们按照计划，驱车前往解州镇有名的“解州王剑羊肉泡”店，品尝解州大名鼎鼎的王剑羊肉泡。

车子在解州王剑羊肉泡店前停下。这家店位于一个小镇上，街道萧条且冷清，但这家羊肉泡店门前来往之人却甚多。进入店内，服务员非常热情，给我们找了位置，然后拿出菜单给我们点菜。羊肉泡是今天必点之美食，我们就是冲着它而来的。除了羊肉泡，我们还点了焦脆的韭菜团子和一份晋糕。今天的午餐非常值得期待，因为对于我这个“吃货”来说，这些都是很对胃口的饭菜。

服务员上菜的速度很快，不一会儿，两份羊肉泡、韭菜团子和晋糕已经端上来了。朋友嗜辣，他的大碗羊肉泡里已放好辣椒，油光红亮，绿色的香菜叶浮在粉色的羊肉上面，像是一个被红色海水包围的小岛。之后，服务员又为我们端来了千层烧饼。

烧饼是店家自制的，用的是那种很老式的吊炉，烤时先将面坯放在上面，等面坯的两面起色后移至下面炉中。烤制期间烤饼师傅会不断翻烤饼，这样烤出来的饼焦脆爽口，泡在碗中又别有一番风味。我把烧饼轻轻掰成小块，放至碗中，顿时香菜的绿、羊肉的粉、烧饼的白、辣椒的红拼成了一幅绝美的画面。我夹起一块羊肉放入口中，羊肉鲜嫩的香气顷刻弥漫在唇齿之间。

朋友说，这家店的羊肉泡好吃，全因为它的“三新”制。第一，所用的羊肉新鲜。王剑羊肉泡店所选用的羊必须是解州南的中条山上放养的羊，因为这座山上很多草和药材混合生长，羊在吃草之时，常将药材一同吃下，因此，此处的羊肉既香且嫩，成为王剑羊肉泡的首选。第二，水质新鲜。解州的地下水中含有多种微量元素，不仅味道甜，常饮更有益于身体健康。第三，骨汤新鲜。店家用新鲜的羊肉和优质的水，加进独特的配料，每天熬制出新鲜的羊汤。这“三新”便是王剑羊肉泡称霸市场的秘诀。

在羊肉泡的制作过程中，骨汤的熬制是关键。羊肉难免有膻味，在制作前，先将羊肉用水洗净，再在冷水中浸泡 5 个小时后捞出，用温水清洗干净便可除去膻味。随后在锅里放入冷水，将清洗好的羊骨和羊肉一起放入锅内，开始文火慢熬。待水开之后，撇去汤上的油沫，直到骨髓、骨油融入汤中，汤色发白为止。之后将煮熟的羊肉捞出，切薄片备用，再备下葱丝和香菜，以及盐、味精、花椒水等调料。拿漏勺将羊肉放进加热的汤锅里烫一下后捞进碗中，加入葱丝、香菜和各种调料，最后浇入熬好的骨汤。至此，一碗色香味俱佳的羊肉泡就做成了。

“细中见真功，小事见大理”，这就是解州王剑羊肉泡一直坚持的开店原则和做事真谛！

家庭式作坊

地址 运城市盐湖区泓芝驿镇

电话 无

糖豆角

弯弯月牙透心甜

“百年沧桑看上海，千年兴替看北京，五千年文明看运城。”运城之美，美在古朴，美在厚重。它既有屹立千年的巍峨古迹，亦有沉寂无闻的青石小巷；既有流传千年的老字号饭店，亦有几近失传的传统美味。在行程的最后两天，我决定去寻访那些遗留在街巷中几近失传的传统美味。

据了解，在运城的泓芝驿镇，有一种名为“糖豆角”的传统小吃，它形似豆角，蜡黄透亮，内灌蜂蜜，食之甜香。只是，这种口感极好的山西名吃如今在市面上已不多见，偶尔在巷子或小区里一出现便会被好食者蜂拥而抢。

泓芝驿镇，邻近著名的舜帝陵。据说，这里之所以被称为泓芝驿镇，是因为自秦代开始，这里便被设为驿站，来往的马匹疲乏困顿，但是喝过这里的水和吃过这里的草之后，马儿瞬间就恢复了气力，就如同服用了灵芝仙草一般。下了车，我开始一个人在土墙窄路的小巷里走走停停，最后终于寻到一家做糖豆角的家庭作坊。

这家家庭作坊不大，只有一大间屋子。在一个大大的面案边，一位师傅拿着空心的铁制圆形工具，正在麻利地按下糖豆角的面皮，这应该是做糖豆角的第一道工序。我非常佩服这位师傅的手艺，他的动作很快，而且按出的面皮非常均匀。

面案的另一边支着两口大锅，一口是加热的油锅，一口是加热的糖锅。另一位师傅拿起白铁皮做的铁斗，把刚才那位面皮师傅按好的糖豆角面皮全部倒入油锅。那些刚才还瘪瘪的糖豆角面皮经过油炸，一个个像是进了气的皮球一样，迅速膨胀起来，细看果然像极了豆角。炸制的师傅用大漏勺把这些膨胀的糖豆角捞出，控油片刻，然后放入旁边的糖锅。制作的师傅说，糖锅的温度和油锅的温度是不同的，油锅的温度要高，糖锅的温度要低。他们利用热胀冷缩的原理，把炸好的热糖豆角放进温度低的糖锅里，让那些熬制好的糖稀经过面皮逐渐渗入糖豆角内部，等糖稀注满，他们将糖豆角捞出，放进一个有熟面粉的托盘里，使糖豆角的外皮均匀地沾上熟面粉，最后用勺子捞出糖豆角盛好放凉，便可食用。这些晶莹剔透、满腹蜜汁的美味糖豆角让人惊叹。我之前一直不明白师傅用的何种办法将糖稀注入面皮，现在终于知道了，不得不钦佩制作师傅的智慧。

了解完他们的制作流程和方法，在制作师傅的邀请下，我拿起其中一个糖豆角，轻轻地咬上一口，香甜的汁液顿时流入口中，那感觉，我想，天上的琼浆大概也不过如此吧。玲珑剔透的糖豆角入口酥脆而甜香。只是这样的美味，如今却在逐渐淡出大众的视野，着实可惜。

真心希望泓芝驿糖豆角，这个有着两千年历史的山西名吃，能如泓芝驿的山水一般，在历史的河流中，永远传承下去。

大胡子大盘鸡

地址　运城市盐湖区潞村街火车站东100米

电话　无

大盘鸡

与众不同的美味

准备离开运城的时候，朋友说："我们一起去吃大盘鸡吧，不仅为你的运城之行再添一道佳肴，更重要的，是祝你事事顺利事事吉利！"朋友话未说完，我的眼睛却已湿润。

车子在潞村街火车站停下，在路牌的指引下，我们进了一家名为"大胡子大盘鸡"的店。因为赶时间，我们去得比较早，店里还没有顾客，稍显冷清。朋友说，大胡子大盘鸡在运城非常受欢迎，味道好是一方面，最关键的是选材好。同是鸡肉，大胡子大盘鸡选取的是鸡腿而非整鸡，没有那些杂七杂八的东西；面选取的是圆面而不是扯的粗面，又增加了一份与众不同的口感。出了运城，可就再也吃不到这样的口味了！

看朋友说得很认真，我赞同地点了点头，毕竟，出了运城，我真的吃不到运城的大盘鸡了。

朋友点菜的时候，我伸着脖子往操作间里看，大盆的新鲜鸡肉和削好的土豆块一起整齐地码放在操作台上。看肉的新鲜度和数量，这家的大盘鸡肯定非常受欢迎。

闲聊之间，服务员端着一份热气腾腾的大盘鸡从里面走了出来。这份大盘鸡还真不枉朋友夸它，红嫩油亮的鸡腿肉和青椒段还有红椒段热情地缠绕在一起，那颜色，真叫一个绝！土豆块看起来黄亮黄亮的，像是散落在玉盘的宝石！这份菜的色泽搭配，当真是和谐到了极致！

我真得感谢朋友，用心点了这样一份满是运城风味特色的大盘鸡。我夹起一块皮嫩肉厚的鸡肉，毫不客气地咬了一口。果然，鸡肉筋道肥美，香辣可口，同之前吃到的截然不同。更令人赞赏的是，整份大盘鸡里面的鸡肉果然没有掺杂，都是剁块的鸡腿肉，以前吃大盘鸡时总会发现三个鸡爪四个翅膀，难怪大胡子大盘鸡会这么受欢迎。土豆也非常棒，软软嫩嫩的，吃过几块鸡肉之后，来一块素的搭配一下，口感非常好。当鸡肉吃掉大半的时候，朋友喊服务员加面，果然是朋友所说的圆面，吃惯了别的大盘鸡里加的扯面，换份圆面品尝一下更好。

据说，运城大胡子大盘鸡是在新疆大盘鸡的基础上，进行了一些材料和制作上的改良，独具运城特色。它的主要食材是鸡腿肉、青辣椒、红辣椒和土豆，配以各种调料。制作时，先将鸡腿肉清洗干净剁块，青辣椒和红辣椒清洗切段。土豆的制作稍微麻烦些，将土豆洗净去皮，切成小块后再次淘洗干净，然后入油锅炸至金黄捞出备用。接下来锅中放油加热，将花椒放入锅内炸出香味后捞出，然后将白糖入锅并慢慢搅动，待白糖充分熔化，将鸡肉倒入锅内，用大火来回翻炒，使每块鸡肉都能均匀上色，等鸡肉炒至金黄，加入少许酱油和豆瓣酱，然后放入葱、姜、蒜、青辣椒段、红辣椒段以及大料等，翻炒几分钟后，开始加水炖煮，待汤汁呈浓稠状，放入炸得九成熟的土豆再稍加炖煮，使土豆更加软糯入味。如此，片刻便可出锅入盘，尽享美味了。

大胡子大盘鸡，运城的专属美味！

长治

香绕太行扑鼻来

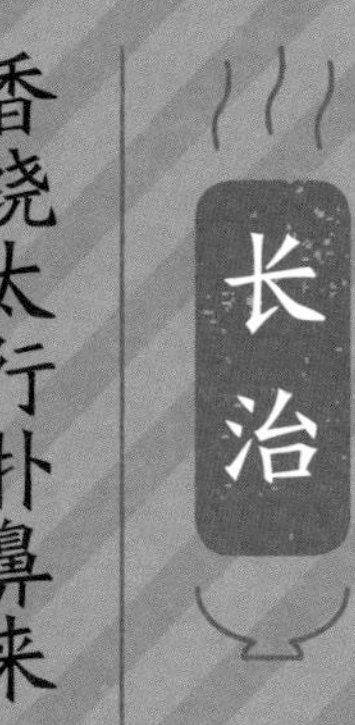

石碾子，老玉米，古朴村落；俊山秀水，悬崖飞瀑；高架桥，巍峨城楼……一幅幅错落有致的画面，既融合了古代的悠然素净，又融合了现代的工业文明，成就了独一无二的魅力长治。景美，人美，食更美，你看，这里早已“香绕太行扑鼻来”！

行住玩购样样通 >>>>>

行在长治

如何到达

飞机

长治王村机场位于王村，目前可直飞北京、上海等城市。

火车

长治有长治站和长治北站两个火车站，现开通有到山西省内、武昌、北京、连云港、厦门等地的列车。

市内交通

公交

长治市内公交发达，既有市内线路，也有城际旅游公交线路。

出租车

长治市出租车的起步价为 2 千米 6 元，2 千米之后每千米加收 1.2 元。

住在长治

长治麦禾酒店

地址　长治市潞州区城东南路 58 号
电话　0355-3123777
价格　153 元起

长治麦禾酒店交通便利，设施完善，服务周到，环境安静。酒店内有餐厅，提供无线上网服务，还有免费停车场。

锦江之星（长治八一广场店）

地址　长治市潞州区紫金西街 5 号
电话　0355-2181800
价格　119 元起

锦江酒店地处市中心，设施齐全，性价比高，楼下有自助烧烤。酒店早餐种类多，口味好。

玩在长治

太行山大峡谷

地址　长治市壶关县桥上乡
门票　140元

太行山大峡谷是中国最美的十大峡谷之一，峡谷内千峰竞秀，万壑争奇，峭壁陡立，峡谷纵横。

太行龙洞

地址　长治市武乡东部山区石泉村
门票　50元

太行龙洞形成于5.7亿年前的造山运动时期，这里峰峦叠嶂，林草茂盛，虽然地处北方，却具备典型的南方溶洞特征。

购在长治

上党腊驴肉

店面　新民饭店
地址　长治市东关岗楼东
价格　80元/斤

上党腊驴肉以新鲜驴肉为原料，配以各种香料、作料精制而成。成品色泽鲜艳，味道醇香可口。

沁州黄小米

店面　沁州黄小米专卖店
地址　长治市城区公安局对面永盛苑小区
价格　20元/斤

沁州黄小米是长治最出名的特产之一，为中国四大名米之一。在长治沁县，有这么一句话：“金珠子，金珠王，金珠不换沁州黄。”由此可见沁州黄小米的珍贵。

开启长治美食之旅 >>>>>

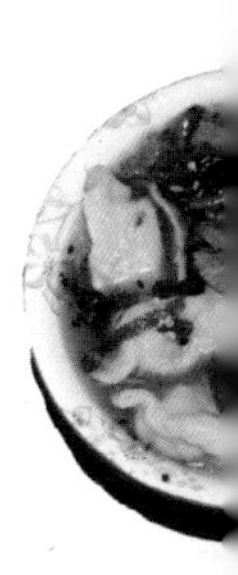

天仁聚驴肉香

地址 长治市潞州区解放东街367号

电话 0355-3016881

上党腊驴肉

色鲜味醇肉飘香

双脚踏上散发着泥土清香的长治土地，犹似踩入了穿越历史的时光隧道，浓郁醇厚的古典气息扑面而来。长治有几经风雨却古息犹存的上党门，有规模宏大、布局奇特的城隍庙，还有碧波千顷、清雅宜人的莲池书院。长治的美，美得古朴典雅，美得清新明朗。

在长治，和上党门一样让人记忆深刻的，还有一种食之难忘的醇香美味——上党腊驴肉。上党腊驴肉是长治的传统名吃，不仅被点为宫廷贡品，更以风味独特、香醇味美而享有“天上龙肉，地下驴肉”之美誉。

去长治之前，我曾咨询过当地美食群的朋友，得知在解放东街有一家“天仁聚驴肉香”酒楼，它以驴肉火锅、山药驴肉锅、手撕驴肉以及驴肉饼等享誉饮食界。这样的美味，对于一个美食爱好者来说，必定是不能错过的。于是，我边欣赏长治的美景，边寻访天仁聚驴肉香酒楼。用了大半个上午，我终于找到了那里。天仁聚驴肉香酒楼的外观装修并不考究，但是走进去才发现，店里竟座无虚席，或许是老店或者声名在外的缘故，食客们三五人一桌，七八人一聚，前台边还有等位置的客人。

我自然也在等候之列。四下观察，我发现门边的一张桌上有一位年轻帅哥，貌似也是背包客，正独自坐在那里默默等待。大约同是出门在外的缘故，我对他忽然有了亲切感，走过去同他搭讪。短暂的交谈之后我们决定两人同餐，同享美食，同观美景，费用均摊。

我们怕点多了吃不完，于是只点了手撕驴肉和山药驴肉锅。或许是客多的缘故，我们点的山药驴肉锅迟迟未来。人常说，好饭不怕晚，果然不假。服务员将山药驴肉锅端上来时我们都惊呆了。只见大块大块的驴肉堆在锅中，肉块上面点缀着香菜。对面的帅哥夹起一块驴肉，放入我面前的小碟中，说："色味同品，来！"

看对方无忌，我也不客气，夹起驴肉放入口中。我们点的是带筋的那种驴肉，一口咬下去，驴肉既筋道爽口，又醇香四溢。好一个"天上龙肉，地下驴肉"，这样的赞誉，果不虚妄。我们正品得津津有味，手撕驴肉上来了。带花边的细瓷白盘里，盛着褐红色的驴肉，配了细细的红椒丝和长段的葱白。驴肉的旁边有一只叶子做的蝴蝶，它落在几簇新绿之间，振翅欲飞，栩栩如生。这样的点缀可谓匠心独运，别具一格。此刻，只有拿起筷子大快朵颐，方对得起这勾人美食。

据说，在长治的名吃中，上党腊驴肉最为有名，而它最初因制作于腊月而得名。如今，聪明的制作者早已突破这个时间限制，将上党腊驴肉发展为四季皆可食用的美食。它在制作时，以新鲜的驴肉为原材料，然后按部位分出前肘、后肘、前臂、肋条、腱子等，并把各部位的肉切成3斤左右的肉块，用水清洗后再用水泡12个小时左右，之后放入清水锅内，水烧到七八十摄氏度时加入适量的盐、花椒、茴香和大料，水开后调为小火，滚煮三四个小时后，捞出放凉，之后按部位将肉放入盛有老汤的砂锅，加满例汤，压上小石块，再炖煮12个小时方成。

据《本草纲目》记载，"驴肉味甘、凉、无毒，补血益气，治远年劳损"，可做脾虚肾亏和贫血患者的辅助食品，常食有一定的补益食疗作用。可以说，上党腊驴肉被称为"长治三宝"之一，不仅因为其口味醇美，更因为常食对身体有益。上党腊驴肉，美味兼养身的极品美食！

程氏壶关羊汤

地址　长治市潞州区东华门街11号

电话　13133353220

壶关羊汤

一碗汤里有全羊

在长治，提起壶关羊汤，人们就会想到《欢乐中国行》，想到那个靠着一碗羊汤走上央视大舞台的壶关小伙儿程永飞。一碗羊汤，真的那么神奇吗?它究竟凭什么让人们念念不忘呢？带着心中的疑惑，我决定寻访名震山西的羊汤界神品——壶关羊汤！

据当地热心的市民介绍，潞州区东华门街有一家程氏壶关羊汤店，汤味鲜美，营养丰富，非常受当地人们的喜爱和推崇。于是，我乘出租车前去。路上，聊起壶关羊汤，司机师傅说道："在这里问美食，我们最清楚。壶关羊汤是长治著名的传统风味小吃。'头蹄下水胡椒粉，水饺丸子加炖肉，荤素干汤巧调配，一碗汤里有全羊。'从这句话就可以看出，一碗壶关羊汤里包含羊的多个部位，有头、蹄、下水，还有羊骨、羊血、羊肉、羊内脏等。而且里面还有羊肉做的饺子和丸子，所以壶关羊汤也称全羊汤。这也是壶关羊汤与别处羊汤的不同之处。你要去的程氏壶关羊汤，可是壶关羊汤的代表，它配料考究，色正味醇，所以非常受欢迎。”司机师傅的解说，让我对壶关羊汤有了大致的了解。

我们正闲聊着，车子到了目的地。我一下车便看到了“程氏壶关羊汤”几个醒目的大字，两个大红灯笼高高悬挂在门上，祥瑞且喜庆。门口偏处有一个小牌子，上写“程氏羊汤”和“驴肉甩饼”，左侧白色的“老字号”三字告诉我们，程氏羊汤是声名在外的老字号饭店。

我抬腿进了店里，发现店内的装修没有想象中的那么考究和高档，但是周围的墙壁上全是关于程氏壶关羊汤的介绍：从沿街叫卖到开店经营，从默默无闻到书册载名，从小县城走向央视大舞台。这些简介，字字千钧，句句有力，比起考究的装修，更有说服力。

我找了一个座位，点了一份羊汤和一个驴肉甩饼。盛汤的师傅速度很快，不一会儿，就轮到了我。泛着点点油花的乳白色羊汤汁，配上翠绿的香菜叶和浅粉的肉，便多了些素雅清淡。我把油亮的辣椒油加进去，顿时，整碗汤变成红色。我拿起勺子，舀了一勺羊汤，一口下肚，竟有说不出的温暖和舒服。这碗被称作“全羊汤”的壶关羊汤，是不是真如司机师傅所说，里面羊蹄、羊头、羊下水等什么都有呢？我拿起勺子轻轻搅了一下，果然，羊蹄、饺子、炖肉、羊肚、羊肝都浮现出来了。壶关羊汤果然名不虚传！我轻轻地夹起一块炖羊肉，放进口中细嚼，果然是汤鲜肉美。一碗下来，全身都暖融融的，异常舒服。

俗话说：“药补不如食补，食补不如汤补。”在汤补之中，羊汤又居首。那么，汤鲜肉美的壶关羊汤究竟是怎么制作成的呢？先清洗干净新鲜的羊肉，放入锅内加调料煮熟后捞出，然后在原汤内加入清洗捣碎后的羊骨头继续熬，等汤熬出骨髓至乳白色即可；将羊肉馅儿和淀粉按照 1∶1 兑水调和，加入精盐、食碱、花椒、茴香等调料，搅匀后放置半个小时再团成团子，入油锅炸至金黄后捞出备用；以 1∶2 的比例将羊肉馅儿和切片水煮后去水剁碎的白萝卜混合，加入剁碎的葱、姜、蒜和花椒、茴香等调料，拌匀后包成饺子备用；羊杂、羊血、羊蹄、羊头等洗净煮熟切丝或切成小块备用。以上食材备齐以后，将羊肉、羊杂、羊肉丸子等放入盐、味精、葱丝和香菜等调料，再浇上熬好的羊汤，加入煮好的热腾腾的羊肉饺子。如此，一碗营养又美味的全羊汤就制作完成了。

"冬吃羊肉赛人参，春夏秋食亦强身"，一碗羊汤虽小却全、虽简却强。著名喜剧演员李琦曾专程到程氏壶关羊汤馆品尝羊汤，食后由衷赞道："我来到山西长治，终于喝上了程氏壶关羊汤。我喝的是羊汤，品的是上党饮食文化！"

根元甩饼

地址 长治市潞州区英雄北路95号

电话 15935528935

甩饼

饱饱吃一顿，如同过小年

在长治潞城，有一棵“露根松”，已有千年树龄，许是水土流失的缘故，它的49条错综斑驳的根，均裸露在外。千年的风刀霜剑早已将它的肌肤刺得粗糙且苍老，它犹如一位饱经沧桑的老人，见证着岁月的无情侵袭。不过，它的根虽老，叶却繁茂，一年四季，绿意盎然，仿佛岁月的风霜未曾惊扰到它。那明媚的阳光仿佛母亲温暖的手，岁岁年年轻柔地抚摸着它的枝叶，给它注入生机和活力。它就像一个千年的卫士，肩负着守护潞城的使命，昂然站立，无惧风雨。

潞城除了有“千年卫士”露根松，还有闻名山西的风味美食“潞城甩饼”。虽然在上党的大街小巷都有甩饼经营者，但因甩饼起源于潞城，所以称“潞城甩饼”。在潞城，无论谁家的大姑娘小媳妇，都会甩上几下，而且有模有样。

据了解，在上党，虽然潞城甩饼经营者众多，但甩饼的制作水平和口味

以“根元甩饼”为最。根元甩饼做出的饼有四个特点：薄、白、软、筋。饼薄，显示擀饼师傅的水平高。饼白，说明面粉质优，细腻、光洁、白亮。饼软，显示了师傅烙饼技术的高超，因为在火炉的烘烤下，薄薄的饼不是焦脆，却是软和，只有烙饼技术高超的师傅才能做到这一点。饼筋，指的是饼筋道。面白质优、薄而不焦、软而不烂、筋道耐嚼，这就是根元甩饼的独特之处。

根元甩饼并不难找。店里的装修略显简单了些。我心想，能撑起这家店门面的，应该不是它的装修，而是饼香，于是找了一个位置坐下，点了份驴肉卷饼。

饼是现做的，我的前面还有人，所以需要等会儿。于是我干脆起身看师傅烙饼。只见烙饼的师傅熟练地从一大块面上拽下一个面剂子，轻轻揉搓后开始擀面。面很听话，在师傅的擀面杖下一点一点地平展开来，等面到了碗口大小的时候，擀面师傅开始边擀边甩，面案上的面粉被师傅的擀面杖带得飞起来，师傅的手却似变魔术一般，不仅丝毫不乱，而且一掂一甩极麻利，看得我眼花缭乱。擀饼的师傅片刻便擀好了一个面饼，并随手用擀面杖挑起面饼放在烙饼的炉上。之后，师傅在每一次翻饼和擀饼之间，都把握得恰到好处，一张饼擀好，炉子上的那张饼正好烙好，替换时间不差分毫。烙饼时，饼上是要刷驴油的。师傅说，正宗的驴油是加入大葱、姜和蒜熬制出来的，饼色发白。如果饼色发黄，则用的是豆油，而不是驴油。看着薄、白、软、筋的甩饼，我感觉更加饥饿了。

甩饼做好后，烙饼的师傅开始切驴肉。师傅手中的刀犹如李逵的板斧，笨拙且大，但切出的驴肉却均匀细薄，足见师傅刀工极好。驴肉切好后，师傅开始装盘，切好的驴肉和极细的葱丝并排放着，勾得我食指大动。在服务员的提示下，我将薄饼平铺在盘里，在饼中间放上少许驴肉和葱丝，随后卷动薄饼，三五下一份驴肉甩饼便大功告成。我拿起卷好的甩饼，蘸上酱汁，咬上一口，嗬！真真是筋道嫩爽，不酥不烂，香气直沁心脾！

“要想真解馋，咱到甩饼摊。饱饱吃一顿，如同小过年。”从这首民谣足可以看出，甩饼虽小，却十分美味，受人推崇。

顿大厨·迷宗叫花鸡

地址　长治市潞州区解放东街23号麦子王酒店旁边

电话　0355-3552733

黄泥叫花鸡

骨酥肉嫩，荷香怡人

《后羿射日》是个美丽而古老的传说。据《淮南子·本经训》记载，尧继位时，天上有十个太阳同时出现，晒焦了田里的庄稼，晒干了河流的水，木枯草死，地裂河干，民不聊生。后羿奉尧帝之命，苦练神技，最后以无敌之力用弓箭射下九个太阳，人间生灵才得以存活。后羿成了人们心中的神灵。传说当年后羿射日的地方就在长治市屯留县（现已改为屯留区），后人为纪念后羿射日的功劳，于当年射日之处塑了后羿之像，所塑的后羿弯弓搭箭，威不可挡。

有美景的地方，必有美食，美丽的屯留也不例外。这里的黄泥叫花鸡当年可是被清朝的乾隆皇帝点过赞的。有一次，我在长治打车，开车的师傅是位女士，三十多岁，非常热情。得知我想打车去屯留品尝黄泥叫花鸡，这位大姐便给我推荐顿大厨·迷宗叫花鸡，说去那里的路程近，买了之后还可以在店里品尝，非常合算。我觉得师傅的建议很有道理，便欣然同意了。出门在外，能遇到这样一位不计个人利益、给予别人方便的人，也是缘分加福气。

到了顿大厨·迷宗叫花鸡那家店里，已是中午时间，我约这位大姐一起吃饭，反正一个人点一份鸡也吃不完，不如两个有缘人一起享用。在我的盛情邀请下，这位大姐爽快地答应了。

店里的装修很不错，暗红色的墙板高雅大气，橘黄色的沙发座椅舒服至极，坐上去整个人都放松下来。我们点了一只叫花鸡和一份菌汤。服务员上菜的速度不算慢，点菜没多久，我们的叫花鸡就端上来了。司机大姐说，锡纸里包裹着的是迷宗鸡，快来闻闻，还有荷叶的清香呢！我凑近深深地闻了一下，果然荷叶的清香从鸡肉中散发出来，诱惑着人的胃和心。大姐体贴地给我夹下一个鸡翅，说女子应该多吃“鸡巧儿”，越吃越巧。司机大姐的解说逗得我哈哈大笑。我夹起鸡翅送入口中，一丝荷叶的香气顿时伴着皮香肉香直抵舌尖。轻轻咬上一口，但觉皮肉焦嫩、入口香酥，咀嚼之间芳香满口，就连鸡翅的骨也似乎要酥化在浓香之中。再看司机大姐，不过吃掉一个“鸡巧儿”的时间，她已将整只鸡分成小块。这时，正好菌汤也端了上来，肉汤同食，绝佳搭配。

顿大厨的迷宗鸡，其实就是叫花鸡。相传，叫花鸡起始于明末清初。当年，在常熟虞山麓有一叫花子，偶得一鸡，因无炊具无法制作，于是将鸡宰杀，去除内脏后将整鸡用泥巴包裹，放在枯叶堆中煨烤，待泥块烘干后敲开泥壳，居然香气四溢。叫花子大喜，捧起烧鸡而食，彼时恰巧一商人路过，闻到香味，请求一尝，不想其味奇香。商人回家照法而做，再配以调料，烤成之后味道更佳，遂将此鸡命名为“叫花鸡”，并推向市场，结果广受好评。

据说，饭店的叫花鸡制作程序较为复杂。先将鸡宰杀洗净后去腿骨、颈骨，和盐、味精、糖、绍酒及香料等一起放入瓦钵内入味。将食用油放入炒锅，待油热后将葱丝和姜丝煸炒，放入盐、味精、酱油及其他调料，炒熟之后从鸡胸开口处和卤汁一起灌入，然后将鸡腿扳至鸡胸处，鸡头扳至两鸡腿之间，鸡翅朝下，用荷叶包好，用锡箔纸包裹后，再用绳子捆扎结实。最后，在黄泥中加入绍酒和盐调和成泥状，涂抹在包好的鸡上，将鸡腹朝上放入烤箱烤制。220 摄氏度烘烤 40 分钟后，将温度调至 160 摄氏度，继续烤 3 个小时，叫花鸡便可以出炉了。叫花鸡骨酥肉嫩，风味独特，味美诱人，可单独食用，亦可蘸汁食用。

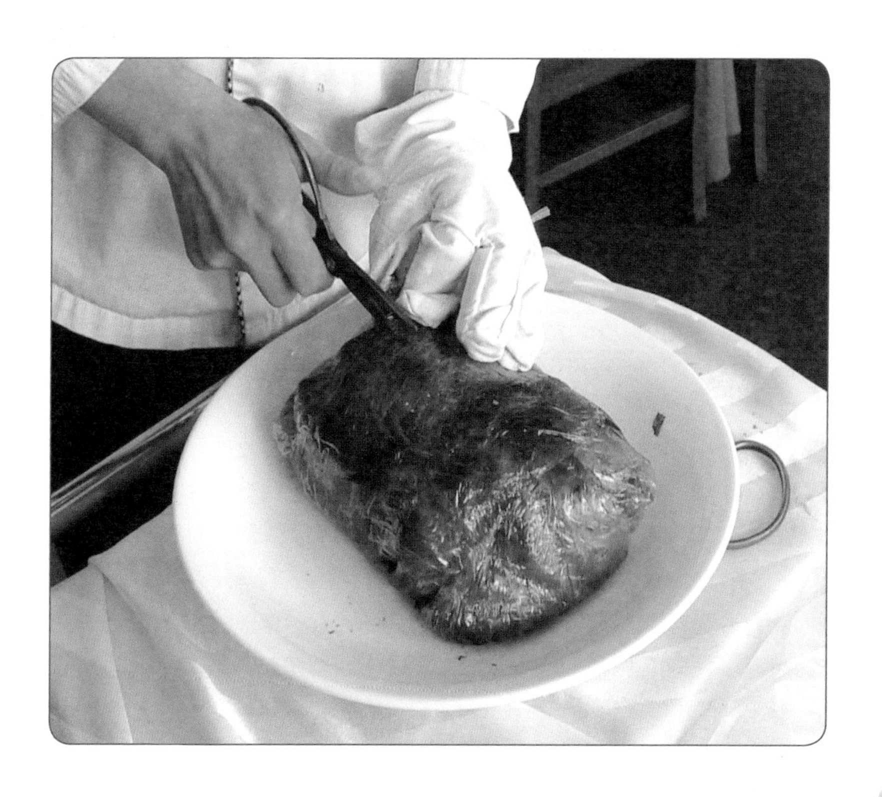

李春生猪汤

地址　长治市长治县荫城镇荫城村复兴西街 62 号

电话　15235510628

我在山西吃过了鸡肉、鸭肉，品过了牛汤、羊汤，还没有品尝过猪汤。听说长治县荫城镇有一家李春生猪汤很有名，获得过很多奖，于是我心心念念想去尝一尝。

从长治到荫城镇，车程大约 1 小时。因为李春生猪汤比较有名，所以很容易找到。远远地看过去，两个紧挨着的帐篷下，围着许多人正在吃饭。其间，坐着一位身穿白色厨师服的老人，他面容温和，举止稳重，正从身旁的盆里往碗中抓肉。他面前的炉子上放着一口大锅，锅内热气腾腾。帐篷外的空地上，放着一些小马扎和几条长长的矮凳，食客们就那么一手端碗，一手拿筷，“呼噜呼噜”吃得津津有味。我开始很是奇怪，怎么连一张吃饭的桌子都没有？转而一想，喝汤而已，桌子确实没有必要。做汤老人的衣着非常干净，而且老人面前的盘碟碗筷，样样干净，就连放杂物的不锈钢小桌也明净闪亮。如此整洁的就餐环境，使我对李春生猪汤顿生好感。

我交完钱后，老人开始做猪汤。他拿出一个洗刷干净的碗，从旁边的小盆里舀一勺切好的猪肝、蹄筋、肚、肠等，加入少许葱花。接下来，他从锅中盛一勺浓汤倒入碗中，再用勺子按紧碗中已放入的猪肝等，将碗中的汤倒入熬猪骨的锅中，这样反复几次给碗中的猪肝加热入味之后，老人重新加入浓汤，放上少许的醋和葱末，一碗猪汤便做好了。

我在离摊主最近的位置坐下，一手端碗，一手执筷，开始品起猪汤来。白色的浓汤汁，绿色的细碎葱花，加上一点辣椒油，乍看如羊汤一般醇美。细细品上一口，感觉汤鲜、肉鲜，还有一种特有的醇香，香了口，暖了肺腑。老人一边忙活，一边同旁边喝汤的顾客唠嗑。看到有喝完猪汤过来送碗的人，老人和颜悦色地问："今天的汤感觉怎么样？要有不合适的地方，尽管说出来，我们也好改正。"老人的话，谦逊之中透着真诚。

有人接过话，笑着说："我都喝了两碗了，不好的话还能再喝？这味道，好得没法说！"我边吃边喝边听他们闲聊。有位顾客说："想想，这猪汤也是神奇，若是晚上饮酒过量胃不舒服，第二天过来喝上两碗加醋不加肉的猪汤，竟然就能很快缓解。"没想到，一碗猪汤，不仅汤鲜味美，居然还有醒酒的功效。看来，这猪汤真是不可小觑啊。

老人说，猪汤之所以好喝，主要是因为选料严格，制作纯天然。他们所用的猪肝、猪肠、猪心、猪肺等，都是从定点的厂家购买的，既保证了食品的安全，又保证了食品的质量。清洗也很重要，他们收摊回去后开始准备第二天的食材。猪下水用盐浸、醋泡、清水洗，一次又一次，直到水净肉洁。煮内脏时，不加任何调料，水开时再放入内脏，清水炖煮半小时后盖上锅盖。熬煮骨汤时更讲究，用十多块新鲜大猪骨，加清水小火慢炖，其间不间断地翻锅和撇去骨汤的浮沫，直到熬成白色的浓汤。煮好的猪内脏一般会切好备用。食用时，将切好的猪内脏和少许葱花放入碗中，盛浓汤入碗几次预热后留肉去汤，再加入新的热骨汤、醋和葱末，便可食用了。

汤汁洁白，肉嫩鲜美，味道醇正，清香利口，这些便是猪汤的独有特点，它的醇香，来自原汁原味，来自功力技巧。

伊和轩

地址　长治市潞州区西大街昌盛电脑城东

电话　0355-2062092

羊肉烩面

白玉面里羊肉香

上党门位于长治的西大街，坐北向南，规模宏大，既是古代的州府衙门，也是唐玄宗李隆基的起家之地。其建筑楼高门低、主从有别，周围景色秀丽，青砖灰瓦之下，既有古代的朴实厚重，又有现代的秀雅明朗、简洁欢快。

在长治，和上党门一样有名的就是羊肉烩面。羊肉烩面是长治的传统风味小吃，面色白如玉，汤鲜香味美，肉醇香浓郁，既美味又养生，当属面中精品。在长治，无论大街小巷，餐馆酒楼，但凡是个能吃饭的地方，必有热腾腾、香喷喷的羊肉烩面，既果腹，又美味。

据了解，在长治潞州区西大街，有一家名叫“伊和轩”的清真饭店，以羊肉为主打，食品种类丰富。它的羊肉烩面和其他店有何不同呢？我带着疑问，信步前往伊和轩。

刚到西大街，远远就看到醒目的黄字招牌“伊和轩”。店的门前是一个停车场，里面停的车很多，可见前来就餐的人很多。进了大厅，厅内十分宽敞明亮，几排桌椅整齐地摆放在那里，客人已占去许多桌位。就餐区分为一楼和二楼，一楼为散桌，二楼为包间。

伊和轩的菜品相当丰富，烤羊腿、烤虾、炖羔羊、烤鸡翅、烤鱼、羊肉饺子、羊肉烩面等。此刻我虽然有一颗“吃货”的心，却没有一个“吃货”的胃，而且独自一人，只好点了一碗羊肉烩面、一份烤羊排和一份凉拌西蓝花。

一个人等餐很是无聊，于是和邻桌也在等餐的父女俩闲聊起来。那姑娘很热情，聊了几句后便邀我同吃。父女俩点了烤羊排、羊肉饺子、羊肉烩面。很快，他们点的饺子就上来了。饺子的品相很好，细碎的香菜叶放在白嫩鼓胀的饺子上，还有几小块酱色的炖羊肉躲在香菜叶子下面，像一颗颗将要出头的芽儿。没多久，我点的烩面、西蓝花和烤羊排也陆续上来了。羊排焦嫩适口，西蓝花翠绿可人，羊肉烩面的品相更是令人叫绝。那面色白如玉，配上用清汤炖出的粉色的羊肉、黑色的木耳、绿色的香菜，叫人望上一眼便食欲大开。我馋饥难忍，赶紧拿起筷子夹起一根面放入口中。立时，一股筋道爽滑的面香，裹着羊肉的鲜香和菜的清香，入口而来。

同桌的叔叔拿着筷子，伸进碗中搅一下，笑着说：“羊肉烩面的确不错，吃起来暖心暖腹，味道鲜香，它可是陪伴了我们几十年的老朋友了。”说完，他便低头吃面，慢悠悠认真地品，眉眼之间全是幸福。吃完面，同桌的叔叔又说，以前这里没有大酒楼，他们就在街边饭馆吃面，一张口，转眼的工夫，一碗面便见了碗底。吃完满心舒畅，大汗淋漓，直呼过瘾。羊肉烩面陪着他走过了一年又一年，从少年到壮年，再到暮年。原来，对于羊肉烩面，不同的人会有不同的感受，对于同桌的叔叔，他吃的是美味，品的是情感，念的是旧时光。

羊肉烩面不但好吃，而且好做，即使是寻常人家，只要肯动手，也是能一饱口福的。制作时，先将备好的羊肉、羊骨用清水浸泡两个小时以上，然后用纱布包上花椒、茴香、姜片等煮肉的料，同羊肉一起放入锅内炖煮。水沸时要用勺子撇去浮沫，而后小火炖煮，两个小时后将肉捞出，切片备用。面粉加清水揉成面团，放 15 分钟，然后将醒好的面分成小剂子，搓成圆柱状，按压成扁形，再用擀面杖擀成边厚中间薄的长片，再抹上食用油放置 15 分钟。之后，锅内放入羊汤，再放入泡好的黑木耳、黄花菜、海带丝和羊肉片等，待羊汤烧沸，将醒好的面从两头拉开，边拉边上下抖动，直至拉成 2 厘米的宽条，入锅滚煮，加入盐、鸡精、香菜、辣椒油等，即可出锅食用。此时的羊肉烩面，肉香、面香、菜香早已融为一体，三香齐聚，营养健身。

“一捧羊肉暖心肠，一丢白面味香香，一丛香菜辣椒伴，鹌鹑木耳海带长。”这就是羊肉烩面，从乡间到城市，从街巷到酒楼，朴实无华，不张不扬，像一位慈祥的母亲，伴着山，伴着水，伴着长治人的岁岁年年。

尚余家蒜瓣鱼

地址 长治市潞州区保宁门西街37号

电话 0355-3521065

蒜瓣鱼
碧玉潭中有鱼香

尚余家的蒜瓣鱼集调、和、味、养、助于一体，味通南北，四季皆宜。

尚余家蒜瓣鱼是一家主打蒜瓣鱼的特色餐厅。我尝过肉鲜汤美的荫城猪汤，品过养身美味的壶关羊汤，接下来这道蒜瓣鱼，自然也是不能错过的。恰巧，朋友将生日聚会选在了这里并邀我前往。我喜欢这种友好欢聚、其乐融融的场面，于是欣然参加。

中午时分，聚会的朋友陆续到达餐厅。我因步行观景，到得最晚。“尚余家蒜瓣鱼”这几个醒目的黄色大字大老远便映入眼帘。店门口，有聚会的朋友在等着我。走进餐厅，里面考究的装修令人耳目一新，顶棚上悬挂着两排精致的红灯笼，既古典又喜庆祥和。四周墙壁上镶嵌着具有民族风格的装饰画和大幅水墨山水画，整体给人以古色古香的淡雅，别有一番情调。敞亮的大厅、洁净的桌椅、整齐的摆设，给人说不出的舒服感。

点餐的时候，不用说，蒜瓣鱼是必点之品。此外，我们还点了金针菇、盐水鸭、肉丸、鸭血等其他菜品。大家围桌而坐，铜锅向外冒着腾腾热气，把我这个异乡人的心烤得暖烘烘的。虽然是正午时分，吃饭的人多，但餐厅上菜的速度却不慢。我们点的蒜瓣鱼用的是黑鱼，据服务员介绍，此鱼刺少，口感也好，虽然价格高点，但是很值。果然，当鱼端上来的时候，真的是让人眼前一亮。鱼块纹理细腻、肉质洁白。鱼块之上有许多大蒜瓣，颗颗晶亮饱满，像是散落的宝石，精巧诱人；蒜瓣之中恰到好处地点缀着几段托县红辣椒段和嫩黄的姜片；嫩绿的香菜叶撒在鱼块和蒜瓣上，更衬得这份鱼鲜香诱人。

朋友夹起一块鱼肉放进我的碗中，并介绍说尚余家蒜瓣鱼选用的是生态养殖基地内的天然活水鱼，味道鲜，口感好，制作过程中又配以萨拉齐大蒜和托县红辣椒，以及以三十多种中草药配制的料包，所以做成的鱼肉鲜美，汤汁可口，特别受大家欢迎。

我夹起鱼块放入口中。嚼一口，鱼肉的鲜香、蒜瓣的清香和托县红辣椒的自然香气缠绕在一起，十分爽口。宽粉十分筋道，和着暖烘烘的汤温，让人无比舒服。

尚余家蒜瓣鱼是一位叫李飞的内蒙古小伙儿摸索研究出来的，他所用的食材都经过了严格的对比和精挑细选，正是因为选料精良，再加上独特的配方，才制作出了味美独特的尚余家蒜瓣鱼。不过，这道菜也有家常做法。新鲜的鱼杀完洗净后，用刀将鱼片成薄片，加入盐、料酒、生粉、蛋清，拌匀腌制；接下来，炒锅内多放油，等油加热后，放入三大匙豆瓣酱爆炒，然后加葱、姜、蒜、花椒粒和红辣椒段以中小火煸炒，直到炒出红油；之后加开水入锅，汤汁烧开后，将腌制好的鱼片放入锅中拨散，待鱼片煮变色后关火，将鱼片和汤汁一起倒入备好的深盆中；将净锅加油，烧至半热后，将备好的干辣椒段和花椒入锅，待炸出麻辣的料香味后，起锅将热油浇在鱼片之上，而后加入备好的香菜。如此，一盘色、香、味俱佳的蒜瓣鱼就做好了。

鲜香美味、色泽亮丽，这就是尚余家蒜瓣鱼，一道属于长治人的唇齿留香的舌尖美味。

潞州香名吃城

地址　长治市长兴路 734 号长治商厦北 50 米

电话　0355-2037222

荤汤素饺

荤素搭配味新奇

饺子的吃法，我熟知的有三鲜饺子、酸汤饺子、蘸汁饺子，至于荤汤饺子，我还是头一次听说。在长治的襄垣县，就有一种荤汤素饺，汤味鲜美，饺子清淡爽口，汤中还有肥而不腻的炒肉片，荤素搭配合理，口感独特，让人念念不忘。

我沿着长治干净整洁的街道，前往潞州香名吃城，品尝襄垣的地方美食“荤汤素饺”。大家一定很迷惑，襄垣县的地方美食，何以在长治市内寻找呢？其实，襄垣的荤汤素饺，早在 2001 年就被以主营民间美食及街头小吃的潞州香名吃城发掘制作并经营，并在 2003 年 9 月的中国太原面食节中荣获金奖。自此，襄垣的地方名吃“荤汤素饺”便在潞州香名吃城安家落户，并美名远扬。

长治的街道绿草茵茵，清新湿润，一路走来心情舒畅。到达潞州香名吃城的时候，这里早已是人满为患。大厅正中摆放着精工细作、栩栩如生的闻喜花馍；大厅深处有许多面画着脸谱的大鼓、小鼓；鼓旁是小桥、流水、回廊，绿意丛生的植被静静地陪伴着旁边弹古筝的美貌女子。在这样的环境中吃饭，心情自然是不错的。

因为是名吃城，所以这里的美食种类很多，有花椒鱼头、神仙鸡、灌肠、长治猪头肉、荤汤素饺等。在这些令人眼花缭乱、食欲大动的菜品面前，我还是老老实实地点了久仰大名的荤汤素饺。

这里上菜的速度不快，让人望眼欲穿。但令人欣慰的是，荤汤素饺上来的时候，那品相真让人感觉等也值了。在有着嫩绿葱段和红色辣椒油的汤中，几只嫩白饺子相互拥挤着探出了汤面；饺子上面群英荟萃，三两片碧绿的青菜叶子、肉片和褐色的海带丝一起，与饺子缠绕起来；汤碗中间画龙点睛般散落着饱胀的芝麻粒，勾人食欲。我早已迫不及待，夹起一块肉片放入口中，肉肥而不腻，食之顿觉鲜香满口；随后，又夹起一个嫩白素饺，咬一口，果然清香爽口；低头轻抿一口饺汤，既有胡椒的辛香之味，亦有菜与肉混合之香气，不浓不淡，恰到好处。这荤汤素饺果然是饺中上品。

据说，荤汤素饺的由来与宋朝大名鼎鼎的算卦先生苗广义有关。相传，

苗广义扶赵匡胤统一天下后，不愿为官，于是辞别赵匡胤，一身简装四处游山历水。某日到襄垣，正值正午，饥肠辘辘的他在一家寺院附近看到一荤一素两家卖饭的，一家卖肉片汤，一家卖素饺子。他想两样都吃，可摸摸自己的口袋，发现银两不够。于是他两边各买半碗，兑在一起吃了起来。没想到，这一荤一素搭配在一起，食之竟是香满口腹。拍案称绝之下，他打开包，取出笔墨在墙上作诗一首："四白为素食，五味调荤汤。饱餐各半碗，素饺伴荤汤。入腹提精神，味美赛鸡鲜。劝君常食之，益寿亦延年。"他走后，人们才知道他就是大名鼎鼎的苗广义。自此，荤汤素饺名声大振，开始流传开来。

因为取材容易，又属于平民美食，所以荤汤素饺制作起来很容易。在制作过程中食材种类比较多，一般会用到黄花菜、黑木耳、海带片、粉皮、大豆芽等，当然还有必不可缺的五花肉肉片。食材备齐后，将锅中加油加热，然后将五花肉肉片入锅煸炒，再放入洗净备好的各种食材，炒至八成熟，兑入适量的开水，加入食盐、酱油，用小火炖至入味待用。接下来是素饺的制作。素饺的制作也不麻烦，取白豆腐、白粉条、圆白菜、剁碎的葱白，然后放入姜末、五香粉、食盐、花椒油搅拌均匀。之后，将和好的面做成剂子擀面皮，然后包入做好的素馅，捏成饺子，放入新加水烧开的锅内煮熟，盛入碗中，再加入做好的荤汤，放入胡椒粉、陈醋、香菜等，即可食用。

易取的食材、寻常的配料、简单的做法，却做出了不同寻常的家常美食。荤汤素饺，一道可以登上大雅之堂的平民美食。

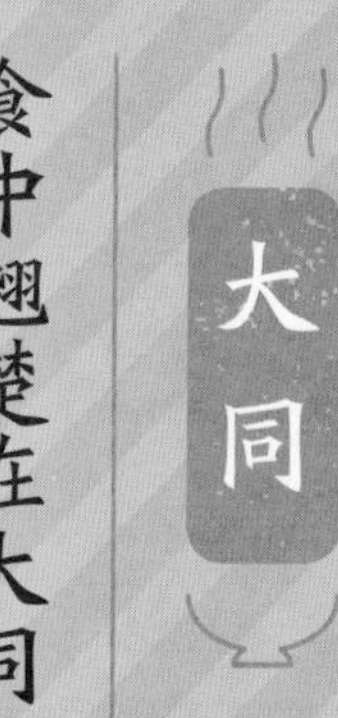

食中翘楚在大同

大同的云冈石窟，名扬天下；大同的桃花山，艳压群芳；大同的烧卖，名扬四海；大同的兔头，味香难忘。不同的美景美色，不同的美食美味，都给人们留下了深刻的记忆。现在，让我们一起去欣赏大同的美景，品味大同的美食吧！

行住玩购样样通 >>>>>

行在大同

如何到达

飞机

大同的机场名为大同云冈机场，目前已开通北京、天津、西安、上海等航线。

火车

大同每天有多趟列车开往北京、杭州、包头、沈阳等城市。

市内交通

公交

大同公交首班车发车时间多为6:00左右，末班车时间多为19:00或19:30。

出租车

大同出租车起步价为3千米7元，3千米之后每千米1.6元，10千米之后每千米2.4元。

住在大同

绿岛青年客栈（大同火车站店）

地址 大同城区魏都大道1029号金湖国际A座5层，近大同火车站
电话 15835244211
价格 多人间，46元/人起

客栈交通便利，房间设施较新，窗外景色不错，每天还有早餐供应，面包、咖啡、水果可随意享用。

大同艾莱酒店

地址 大同城区御河西路1966号，迎宾街北
电话 0352-6115888
价格 209元起

酒店设施齐全，环境优雅，服务热情，早餐丰富。距离古城墙特别近，晚上能看到远处古城墙的夜景。

玩在大同

云冈石窟

地址　大同市城西约16千米处的武周山
门票　旺季120元；淡季100元

大同的云冈石窟是我国最大的石窟之一，现存主要洞窟45个，大小洞窟252个，造像51000余尊，是世界闻名的石雕艺术宝库之一。

悬空寺

地址　大同市浑源县，距大同市65千米
门票　旺季25元；淡季17元

整个悬空寺上载危崖、下临深谷。全寺为木制框架式结构，半插横梁为基，巧借岩石暗托，梁柱上下一体，堪称建筑一绝。

购在大同

广灵五香瓜子

店面　广灵县金华种植专业合作社
地址　大同市广灵县壶泉镇田窑村
价格　6.5元/斤

五香瓜子是广灵县的著名产品，个头大且匀称，色泽白净，仁肉酥脆，咸香味美。

大同煤雕

店面　大同鑫瑞阁煤雕
地址　大同市华严广场东一号
价格　70~500元/件

大同煤雕以大同煤层深处的化石为原料。化石石质细腻，经过手工艺人的精雕细刻，便成了栩栩如生的艺术品。

开启大同美食之旅 >>>>>

风临阁

地址 大同市平城区鼓楼西街与华严街交叉口（华严寺附近）

电话 0352-2059799

百花烧卖

慈禧盛赞味绝佳

大同的美，美在它的古朴厚重，美在它的历史悠久。当你的双脚踏上这座历史文化名城时，扑面而来的，是古色古香的悠远气息，是飞檐斗拱的匠心独运。当你行走在这片黄土高原之上时，仿佛走进了一条漫长的历史隧道，你会去品味、去思考、去欣赏这些堪称人间奇迹的精华建筑，然后去铭记、去赞叹、去膜拜它们。大同有我国现存最大的古代佛殿之一的华严寺，有国人称叹的五岳之一的北岳恒山，有享誉中外的四大石窟之一的云冈石窟，还有建筑精巧、令人称奇的悬空寺。它们或古或奇，或灵或巧，以其不同的姿态和面貌，屹立在这令人神往的黄土高原之上。

除了令人称奇的美景，大同也有许多令人无比神往的美食。闻名四海的百花烧卖便出自大同，它以状如花朵、口味多样、食之透香而名闻天下。据了解，大同的百花烧卖以凤临阁最为有名，而凤临阁烧卖的兴起，又与清朝的慈禧太后有一段渊源。据说，当年慈禧太后和光绪皇帝西逃途经大同的凤临阁，派李莲英到凤临阁点菜。厨师不敢怠慢，以鸡、鸭、鱼、羊、牛、猪等九种食材为馅料，配以相应的花色果汁，精心制作出了牡丹、芍药、秋菊等九种形状不同、味道不同的“百花烧卖”。慈禧品之，只觉口味出众，鲜而不腻，遂将自己的一套银质餐具赏与厨师，凤临阁的百花烧卖从此扬名。

一个人的行程总是比较随意的，打听到了凤临阁的位置，我便背着包，直奔它而去。凤临阁位于华严寺附近，是一座红灯高挂、气派非凡的建筑。

凤临阁是大同最有名的老字号饭店之一，就餐需要拿号排队。拿到餐号之后，我四处看了看，凤临阁的大厅装修得非常考究，有一种富丽堂皇的奢华感。雕花门窗古韵悠然，红木桌椅典雅贵气，更有回廊、砖雕、清新绿植，古朴而清幽，于奢华之中显出宁静雅致。大厅的前面是普通座位，后面是两层楼阁，墙上绘有游龙戏凤的壁画，文化气息浓厚。它的卫生间有一大亮点：从墙面、地面到洁具，用的都是黄铜，看起来金碧辉煌。

因为去的时间早，很快就轮到我点餐了。我点了一笼百花烧卖、一份养生西葫芦丝。虽然我之前对百花烧卖做过了解，但是当服务员将百花烧卖端上来的时候，我还是被惊艳到了。一笼颜色各异的烧卖犹如绽放的花朵，花瓣正中镶嵌着一颗小小的红果，仿佛花蕊一般，衬得花瓣愈发妖娆动人；那如绸缎一般的花瓣下是玲珑的馅儿皮，里面鲜嫩的汁馅儿似要破皮而出。这样的卖相，当真是让人满心欢喜，食指大动。养生西葫芦丝也很不错，匀称地卧在清淡雅致的盘中，吃起来清爽可口，和肉馅儿的烧卖很配。我夹起菌菇馅儿的烧卖，一口咬去，菌菇的田野清香之气瞬间溢满口中，我将烧卖连

皮带馅儿一齐送入口中，馅儿香、面香顿时一齐而来。我又夹起一个肉馅儿的烧卖，咀嚼之中肉的酥香辗转口中，余香袅袅。难怪当年连尝遍人间奇味的慈禧都要称赞，这味道真的是妙不可言。

百花烧卖做起来是很讲究的。先备下面粉、猪肉馅儿、芹菜等食材，将面粉加水，和成面团醒发半个小时；然后将芹菜和芹菜叶子一起洗净切碎，加入肉馅儿、剁碎的葱和姜，以及食盐、料酒、胡椒粉、五香粉、香油和花椒水，搅拌均匀备用；接下来将醒好的面揉成剂子擀成面皮，擀好之后，用擀面杖在面皮的周围继续擀，周围的面皮会因为变薄而生成花边，这时拿起面皮，填入馅儿，用勺子将馅儿压实，腾出一只手把烧卖边口捏出花边——因是上笼蒸制，所以口不必封死；最后以菜叶垫底，把烧卖放入蒸笼，水开后蒸 10 分钟即可。

精巧的制作、精致的馅料、出众的口味、绝佳的品相，这就是百花烧卖，一颗闪耀在山西饮食界的璀璨明珠！

大汗炭火生烤羊腿

地址　大同市平城区西环路万城华府一期（全友家居附近）

电话　15035293300

烤羊背
造型古朴味鲜美

在大同，除了闻名中外的云冈石窟、令人赞叹的北岳恒山，还有一道高大雄伟、坚固险峻、布防严密、设施完善的大同古城墙。它是大同市中心一个标志性的建筑物，古城墙巍峨壮观，庄严威武，古韵悠悠。城墙的四周是水流清澈的护城河。

游览过高大雄伟的古城墙，已是晌午时分，我饥肠辘辘。我已经计划好，中午前去大同市平城区西环路的"大汗炭火生烤羊腿"品尝味美诱人、闻名大同的烤羊背。据了解，烤羊背从烤全羊演变而来，单独烘烤，不但比烤全羊时间快，而且味道更加鲜美，顾客食用起来也更加方便。

我打车前往，在车上同司机师傅愉快地交谈起来。司机师傅很友好，真诚地给我介绍了一些在大同旅游的注意事项和攻略，这样既可以节省很多时间，又可以很好地欣赏大同的美景。

说话之间，车子很快到了西环路的大汗炭火生烤羊腿店，白色的店名高悬在门头之上。从外观看，墙面稍显陈旧，整个店面不是很气派，但是门头之上有烤羊腿、烤羊排等菜品的介绍，便于食客了解，显出店家心细的一面。因提供的是烤制类食品，夏季店外支着棚子，摆着许多桌椅。

进入大厅，就餐的人不是很多。服务员热情地过来打招呼，并向我推荐烤羊背、烤羊腿。因我是单独一人，所以只点了烤羊背。可以点半份，这一点值得推荐，因为一份一个人应该是吃不完的。我又点了当地很有名的小吃浑源凉粉。毕竟，荤素搭配才是我最喜欢的吃法。大约是店内人少的缘故，菜上得比较快。浑源凉粉是我的最爱，玲珑剔透的凉粉上浮着一层红红的有着芝麻粒的辣椒油，黄瓜丝嫩而细长，花生炸得颜色正好，凉粉中还夹杂着几根细长白嫩的豆腐皮。之后，服务员端上来的烤羊背品相好得更是没的说，一份羊骨架挺立在盘里，已经处理成小块的羊肉平整地铺陈其上，细碎的葱花撒在羊肉上面，金黄之中浮着碧绿，色泽之好，让人心生欢喜。羊肉一向是我的最爱，我拿起筷子，夹起一块羊肉入口。这羊背肉外焦里嫩，香味四溢，几块下来，吃得满心舒畅。一个人就餐时会吃得比较慢，中途服务员过来询问，需不需要重新加热换味。这么体贴的服务，我还真是第一次遇到。换个口味是个不错的选择。我接受了服务员的建议，换了她推荐的椒盐味道，口感也很好。

其实，烤羊背的做法不是特别难。只要烤的火候掌握得当，把握好腌制时间的长短和酱汁的调配，就能做出相当美味的烤羊背。准备羔羊背、鲜姜、洋葱、黄酒和各种调料等，先将黄酒和其他调料涂抹到精选的羔羊背上，腌制两天左右，等羊背肉入味之后捞出，用炭火烤。烤制期间，先将羊背皮烤熟，然后在羊背皮上洒上水和自制的酱汁，再放至木炭火上烤 1 小时左右即可。烤的火候、腌制的时间以及酱汁的调配都是影响烤羊背味道的关键因素，把握好了，就能烤制出色泽金黄、香味四溢、外酥里嫩的烤羊背！“眼未见其物，香味已扑鼻”，这是对烤羊背最真最诚的赞誉！

兔头王胖来来

地址 大同市平城区司令部街与帅府街交叉口

电话 无

大同兔头

骨酥味香消夏品

华严寺是我国现存最大的古代佛殿之一，几经战乱，后来经过整理和修缮，这座珍贵的佛教名刹又恢复了昔日的光华。华严寺始建于辽代，占地面积 6.6 万平方米。它规模宏大，布局严谨，是我国现存年代较早、保存较为完整的寺庙建筑群。在华严寺的僧舍院前面，有一座华严宝塔，塔身高约 45 米，共 3 层，塔身之下还有一个地下佛堂。据史料记载，地下佛堂用 100 吨纯铜制成，共有 1000 多尊佛像，整个佛堂金碧辉煌，庄严肃穆，是华严寺的一大亮点。华严寺门前有一条华严街，街道上有许多古代建筑，整体风格古朴典雅，中心广场视野广阔，其中龙头喷泉和观音灯都值得一观。

观赏了华严寺，走过古色古香的华严街，接下来我准备去大同平城区的“兔头王胖来来”吃午饭，尝尝享誉大同的美食兔头。

帅府街是一条美食小吃街，一家家不同种类的小吃店铺临街而立，“兔头王胖来来”就位于这条街的街口处，位置非常好找，红底黄字招牌很显眼。循着招牌进到店里，店内食客很多，显得有些嘈杂。还好角落有个座位，我努力穿过狭窄的过道，在一个角落坐下。点餐的时候，我瞥了一眼邻桌的饭菜，酱红的兔头齐整地码放在笼屉里，我拿单子的手不禁抖了一下。站在身旁的服务员大姐笑着推荐道，这里的爆炒兔头最火爆，还有五香、红焖、麻辣等多种口味，各具特色，很是爽口。虽然刚才邻桌的兔头让我有点震撼，但是此行就是冲着大同兔头来的，所以我犹豫了一下，还是点了几个麻辣兔头，外加一份老豆腐粉丝汤。

或许是人多的缘故吧，上菜的速度比较慢，眼见邻桌的三五朋友聚在一起，一锅红烧兔头，一打啤酒，几份小菜，有吃有喝，我腹中的馋虫忍不住直叫。终于，我的麻辣兔头上来了！白瓷盘子里摆着几只如拳头般大小的酱红兔头。兔头上撒了一层白芝麻粒，颇为诱人。虽然我刚看到兔头的时候心里有些怯惧，但是那份卖相还是深深地吸引了我。服务员大姐说，大同的兔头味道非常棒，骨肉相连，骨酥肉香，尝一个之后，你会越发想吃。我拿起一个轻轻咬了一口，一股麻辣的味道迅速传至舌尖。我啃下一块小小的兔头肉，细细咀嚼，除了麻辣，还有芝麻的香渗透进来。再吃下去，骨头果然很酥香，肉虽然比较少，但是味道非常不错。如此一来，我还真是欲罢不能了。

或许是我饿了，或许是味道好，我一口气竟然吃掉了三个兔头！这时，老豆腐粉丝汤也已经上来了，老豆腐块、精细的粉丝、切碎的嫩绿香菜叶和放着芝麻的红亮辣椒油，又是一幅青天白云的美食图。我在碗中放了陈醋，拿起勺子轻轻搅匀后舀起一勺汤送入口中，汤的味道酸中有香，香中有辣。就这样，麻辣兔头配酸香的粉丝汤，成了一份不同寻常的美味午餐。

别看这兔头小，做起来却相当麻烦。单是处理兔头、兔毛什么的，就需要花费相当长的时间。现在，随着大同兔头的名声和销量逐渐提升，市场上出现了专门加工兔头的地方，他们将处理干净的兔头冷冻起来，以便客户随时提用。

在制作之前，先备好主料——速冻兔头，干辣椒、姜块、葱段、八角、桂皮、花椒、茴香、丁香、豆蔻之类的辅料也要备足，然后是精盐、味精、红曲米、料酒、老抽、鲜汤、精炼油等。有了以上材料，就可以开始制作了。先将兔头解冻，冲洗干净，然后加入适量的姜块、葱段、精盐、料酒，搅拌均匀，等入味后取出，用清水洗净，放入沸水中焯一下，捞出待用。接下来，将兔头与调料和辅料一同放入砂锅，大火烧开 5 分钟后关火，浸泡 12 小时，然后开火将水烧开后捞出兔头，在兔头上撒上白芝麻即可。

以上是卤制麻辣兔头。麻辣兔头还有一种做法：先将解冻洗净的兔头焯水后捞出，然后往油锅内放油加热，将焯过水的兔头放入油炸后捞出，之后往锅中加水和调料，大火煮半个小时，待色泽红润就可以出锅了。

一只小小的兔头，一道精巧细致的制作程序，一份令人馋涎欲滴的美味，红焖、爆炒、麻辣、五香等众味荟萃，这就是大同兔头，一道令人念念不忘的风味美食。

福来山庄

地址 大同市平城区新建北路14号（岳秀小区斜对面）

电话 0352-7790988

羊蝎子

汤亮肉香独一家

在大同，有几位美食群的朋友非常聊得来，我们便相约一起，去品尝大同有名的“福来山庄羊蝎子”。这真是个极好的提议，刚来大同游玩时，就曾有当地的司机师傅向我推荐福来山庄羊蝎子，说它价格不贵，美味实惠，而且几个朋友一起，兴致盎然地边吃边聊，这样一个机会，是我一直期待的。

聚餐时间定在了中午。其中有位朋友提议趁着上午空闲的时间开车一起去云冈石窟游玩，回来正好赶上聚餐。

云冈石窟位于大同市武周山南面，气势雄伟，规模宏大，共有石雕造像 51000 余尊，是我国规模最大的古代石窟群之一。远远看去，你就会被它的宏大规模和丰富内容所震撼，绵延数千米的土黄色山壁上，密密麻麻地分布着大大小小的洞窟。洞窟之内是造型精美的佛像，这些佛像面相丰润、高大劲健、纹饰精美、姿态飘逸。这些石窟内，常常是洞中有佛，佛旁有洞，洞洞相连，佛像相邻。

从云冈石窟回来，已是中午。车子在福来山庄门口停下。福来山庄的外部装修很特别，白底蓝字的门头上，是淡淡的水墨山水画，画里村中有树，树旁有路，屋、树相映，一派祥和的世外桃源景色。门头之下，是“福来山庄”的红底黄字招牌，鲜艳夺目，满透着喜庆之色。招牌旁边悬挂着红色的大灯笼，透过明净的玻璃朝里看，人们依次而坐，热闹却不凌乱。我和朋友进入大厅，里面的装修也很考究，不仅精美而且大气，四周墙壁上规整地贴着镂空雕花的“福”字，让人心生暖意。大厅内就餐的人很多，热心的服务员帮我们找了一个靠窗的位置。我们点了羊蝎子火锅，又点了金针菇、青菜等其他菜品。

福来山庄羊蝎子其实就是一种用羊脊骨做成的火锅，汤色透亮，既香又有营养，还可涮其他菜品，充分利用骨汤中的营养成分。闲聊之中，羊蝎子火锅便上来了。泛着油花的汤锅内，透满香气的羊骨围拢在中间。羊骨之上，点缀着几根香菜。羊骨汤看起来晶莹透亮，不浓不烈，清香诱人。几位朋友相互谦让一番之后便各自拿起筷子开吃。我夹起一块羊骨，轻轻咬下一口羊肉，骨肉的香气很自然地散发出来，不腻不柴，口感极好。据朋友讲，这家福来山庄羊蝎子出名后，又新开了一家门面，两店同开，但生意依然很火。

这么美味的羊蝎子火锅，做起来是很有讲究的。做之前，要先备下羊脊骨一根，然后备下葱、姜、蒜、粗盐、红辣椒、料酒、老抽、丁香、豆蔻等调料，之后便可开始制作。把羊脊骨剁块，放在冷水中浸泡，拔出血水，再反复冲洗几遍备用。接下来，将羊脊骨放入加了凉水的锅中，等水烧开后撇去上面的浮沫。将备好的老抽、葱、姜、蒜等调料一一放入锅中，水开之后不用加盖，炖煮几分钟后出了香味再盖上锅盖，用小火焖煮 1.5 小时，煮到骨香肉烂、汤色透亮就可以了。另外，还可备些自己喜欢的蔬菜涮锅用，既营养又美味。

时尚、营养、美味，这就是福来山庄羊蝎子的神奇魅力所在，它以其独特考究的制作和深入人心的美味赢得了大同人的喜爱，赢得了山西人的喜爱，也赢得了全国各地游客的喜爱。

任记七中刀削面

地址　大同市平城区魏都大道与东风东街交叉口北

电话　13703521084

任记七中刀削面

筋道爽滑口感好

“悬空寺，半天高，三根马尾空中吊。”这句话充分说明了悬空寺的奇和险。正因如此，悬空寺一直是好奇者追寻和探究的目标，我也不例外。悬空寺位于大同市浑源县北岳恒山脚下的金龙峡，距离大同市约 65 千米。

旅途劳顿不可避免，所以蓄积精力就格外有必要，于是我决定，早餐在大同美美地饱餐一顿，这样整个上午都有充沛的精力和体力应付远足。之前联系好的司机师傅过来接我，车上还坐着一对去悬空寺的年轻情侣。司机师傅说，任记七中刀削面是大同的一道非常受欢迎的美食，也是大同的一道特色早餐，吃的人非常多。

“刀削面竟然也可以当早餐吃？”我听后很惊诧。

车子在大同市魏都大道与东风东街交叉口北边停下，这里就是师傅所说的闻名大同的任记七中刀削面店了。从外观看，任记七中刀削面的店面不大，和那些地处繁华地段的饭店相比，稍显简陋。门头是一块有着淡黄底色的招牌，上面镶嵌着“任记七中刀削面”几个大字，显得很朴实。司机师傅领着我们进了店。店里非常干净整洁，是难得的就餐好场所。迎面的墙上是一张有着鲜亮颜色的价目表，上面是大碗面、小碗面的价格，下面是鸡蛋、丸子、火腿肠、豆腐干、红烧肉、凉菜等其他菜品的价格。点菜的时候我才知道，这里的面是分类的，有传统猪肉面、什锦素面、海带面、牛肉面等。我点了海带面，司机师傅点了传统猪肉面，他说这么多年他早已习惯了这里的猪肉和卤蛋的香气，百吃不厌。那对情侣中的女生点了一份什锦素面，男生则在司机师傅的推荐下，点了一份传统猪肉面。之后，司机师傅又向我们推荐了豆腐干、火腿肠和红烧肉，这几样是最受食客欢迎的。

或许是早来的缘故，这里的顾客不是很多。很快，我们的刀削面就上桌了。司机师傅点的传统猪肉面配了一个卤蛋和一份红烧肉，乍一看，细腻筋道的白面条上，一枚色泽诱人的卤蛋卧在一丛碧绿的青菜之上，旁边是油光锃亮的红烧肉，热气腾腾，香味扑鼻。司机师傅是个豪爽的人，拿起筷子便开始大快朵颐。再看我的海带面，虽然少了红烧肉的油亮红光，但一个香味飘飘的卤蛋、一块软嫩的豆腐块，外加碧绿的青菜和海带，也深得我心。姑娘的什锦面看上去也不错，但我还是更喜欢自己的这份面。豆腐块应该是油炸过的，色泽金黄，我咬了一口，果然外酥里嫩，非常爽口。刀削面的味道不用说，筋道爽口，卤蛋的味道也很好，那股蛋香直通心里。司机师傅边吃边说，任记七中刀削面是大同最火爆的一个品牌；2000年左右，任记七中刀削面附近的一大批面馆都因经营不善而倒闭，只有任记七中刀削面挺了下来。他家的面不但一如既往的好，而且新增了许多其他产品，所以任记七中刀削面受到更多食客的青睐，成了大同一个响当当的品牌。

说实话，司机师傅推荐的这碗面非常好吃，筋道的削面、酥嫩的豆腐、喷香的肉、美味的卤蛋都让人回味无穷。看来，任记七中刀削面长盛不衰是有原因的。

小媳妇凉粉

地址　大同市浑源县永安西街11号

电话　13835247841

浑源凉粉

莹白如玉酸辣爽

大同市浑源县恒山金龙峡处处峭壁悬崖，而悬空寺就位于这万丈峭壁之上，它上载危崖，下临深渊，楼阁悬空，奇巧险峻。远眺之下，整个寺庙仿若腾空飞出，如粘如挂，令人叹为观止。悬空寺凭着它的“悬”“奇”“巧”，成了“恒山十八景”中的“第一胜景”。

我一个人背着包，穿着平底布鞋，登楼梯，步长廊，游殿阁，细细品赏着悬空寺的奇美，不知不觉已近中午。出了悬空寺，我订好的网约车的司机师傅和拼车的一对小情侣已在寺门外等我。上了车，司机师傅载我们去事先定好的一家饭店吃饭。这家店离悬空寺不远，是之前司机师傅给我们推荐的“小媳妇凉粉”。浑源凉粉在大同一直是榜上有名的，声誉颇高，而小媳妇凉粉又是浑源凉粉中的佼佼者。

车子很快到了饭店。打开车门，抬头便看到了小媳妇凉粉的招牌。店面看起来很大，红色的门窗泛着陈旧的光泽，是老式阁楼门窗的式样。门头是鲜红的底色，很显眼，“小媳妇凉粉”这几个黄色的字整齐地排列在上面。店门前停放着许多电动车和摩托车，来往的顾客很多。看样子，这家店的生意相当不错。我们随着司机师傅进入店里，感觉眼前一亮，里面空间很大，洁净的墙壁、整齐的桌椅，给人一种非常清爽的感觉。这么偏的地方，竟有如此好的装修和环境，真是难得。在这里，除了凉粉、熏蛋、肉饼之外，还有许多别的菜品，如麻油黄瓜、山药鱼、松仁玉米、炝锅菠菜等，素菜的种类多，具有乡土菜馆的特色韵味。但是因为赶时间，我只点了必吃的凉粉，另外点了快餐中的熏蛋和肉饼。

此时，虽然店里人多，但上餐的速度并不慢。服务员端上来四份凉粉。只见白细瓷的碗中，拌好了调味汁的凉粉莹白如玉，软嫩诱人。凉粉之上是些许淡黄的莲豆，辣椒油在凉粉汁中荡起一圈圈红色的涟漪，最后形成一个红亮的圆圈，浮在汁中。凉粉、豆腐干、香菜和辣椒油，绿红相映，黄白相间，着实勾人馋涎。我早已饥肠辘辘，夹起一颗莲豆放入口中，咬一口，脆脆的，裹着豆的香气；用勺子舀起带汤汁的凉粉，只觉凉粉筋道软嫩，爽滑适口，汁香粉香，一齐入口。此刻，我已顾不得司机师傅和那对小情侣，只顾自己大快朵颐，一碗凉粉连汁带水一会儿工夫就被我吃掉一大半。熏蛋也是一等一的好，从蛋白到蛋黄，调料的香味渗透其里，吃起来美味无比。

浑源凉粉之所以好吃，除了粉质特别，最重要的是拌汁儿调得好。不过，小媳妇凉粉的拌汁儿是秘制的，并不外传，因而我们也无从得知它的制作方法。

香辣爽口，防暑祛寒，老少皆宜，备受青睐，这就是浑源凉粉的特点。它以独特的配方、精细的制作和精美的配料得到了大众的认可，同时也成为中华饮食文化的传播者，声名远扬。

昆仑饭店

地址　大同市平城区振华南路89号

电话　0352-2023650

麻辣嘎鱼火锅

舒爽美味麻辣嫩

吃过了浑源凉粉，我们又开始向北岳恒山进军。恒山古称“玄武山”，与东岳泰山、西岳华山、南岳衡山、中岳嵩山并称为“五岳”。恒山海拔2000多米，层峦叠嶂，气势雄伟。入口处，双狮雄踞。依山而上，但见苍松翠柏，相谐相映；吊桥凌空，穿河而过；古寺依岩，破空而出；蓝天白云，更添绮丽景色。其中，金龙峡、龙泉甘苦井、云阁虹桥、虎口悬松、果老仙迹、云路春晓、断崖啼鸟、危岩夕照、金鸡报晓、茅窟烟火、奕台鸣琴、玉羊游云、脂图文锦、岳顶松风、幽窟飞石、仙府醉月、紫峪云花、石洞流云18处景观，以其姿态各异的景象、独特的寓意传说，并称为“恒山十八景”。恒山，春有春的秀丽，夏有夏的壮观，秋有秋的丰美，冬有冬的绮丽，四时之景可变，唯恒山之雄伟壮观不改。

从浑源县回来，天色已晚。那对小情侣提议，时间不早了，不如大家一起吃了晚饭再分开。我当即附和。旅途劳累，大家一起有说有笑吃个饭，也是缓解疲劳的有效方法。于是司机师傅再次提议，既是聚餐，不如选个环境好、饭菜又实惠的地方。昆仑饭店的火锅比较有特色，而且还有很多特色锅底，如豆花锅、麻辣嘎鱼、菌汤乌鸡等。他家的火锅，做的不只是特色，更是让人信服的品质。司机师傅的话，说得我们心里直痒痒。

昆仑饭店在振华南路，谈笑之间，我们就到了那里。抬头望去，饭店好气派，门头之上是“昆仑饭店”4个大字。透过落地窗玻璃，洁净清新的店内环境一览无余。一排大红灯笼高悬在房檐下，与白色的窗幔相映成趣。大厅内的装修更显考究大气，喜庆的红地毯，交相辉映的灯光，饭店越发显得富丽大气。服务员过来，为我们找了座位。点餐的时候，我们要了司机师傅推荐的麻辣嘎鱼火锅，然后又点了水晶虾仁和扒条肉。

麻辣嘎鱼火锅上来的时候，那对小情侣和我都惊呆了。店里上的是鸳鸯锅，一边清淡，一边麻辣，我喜欢麻辣的，红彤彤的辣椒几乎铺满了麻辣锅面。辣椒下面，嘎鱼肉若隐若现，更加激起了我的食欲。未曾开吃，我先吸了一口气，嘎鱼的麻辣之香气仿佛已深入肺腑。之后，我便拨开辣椒，夹起一块嘎鱼肉，小心剔去鱼刺，放入口中，真的是又香又麻！鱼肉细腻温软，香气绵延口中。没吃几块，我的嘴唇便开始有发颤的感觉，仿佛有无数面小鼓，在唇上轻轻跳跃。

那么，这道美妙的麻辣嘎鱼火锅是怎么做的呢？先将嘎鱼宰杀洗干净备用，然后在锅内放入食用油，量稍微多些，油热之后，放入川椒和花椒，炒出香味后加入葱、姜、蒜和干辣椒爆炒一下，然后放入鱼翻炒，加入糖、料酒和生抽，炒出香味后加入热水，以没过鱼身为宜，稍煮后加入盐和鸡精。嘎鱼肉质鲜嫩，因此不宜久煮。出锅时，可加入切好的葱或香菜，既是点缀又增味。如此，鲜美的麻辣嘎鱼火锅便大功告成了。

嘎鱼肉质鲜美，营养价值也高，厨师经过精工细作，不仅做出了嘎鱼应有的美味，而且做出了特色，做出了品质。

贺老人羊杂

地址　大同市平城区魏都大道三医院对面南20米

电话　0352-7238865

羊杂汤

原汁原味惹人爱

羊杂风靡了山西的饮食界。不过它在山西不同的地区叫法不同，吃法也不同。“太原羊杂”属中路做法，杂割料全，熬煮和兑汤时都加葱、姜、香菜，还有粉条和豆腐，自成一系；“曲沃羊杂”属南路做法，讲究原汁原汤，熬煮时用清水炖煮，直至羊骨髓熬出，汤色乳白，骨香、肉香之味齐出；“大同羊杂”以羊头、羊心、羊肝、羊肺、羊肠、羊蹄、羊血等为主要食材，清洗熬煮之后，整锅烩制而出，又成一系。

据了解，大同羊杂以“贺老人羊杂”最为有名。贺老人羊杂的创始人是一位名为贺秀娥的老人，她继承了先祖留下的羊杂制作配方，并吸收了怀仁羊杂、应县羊杂和平旺羊杂的优点，选用高品质的绵羊内脏和精制山药粉条，加入各种调味料，形成独特的风味，并在大同盛行开来。

我独自循着大同的街巷一路走来。贺老人羊杂就在一排商铺之间。从外观看，这是一间不寻常的羊杂店。铺子窗明几净，完全没有普通的羊杂店油污浓重的烟火气息，宽敞的大厅更是让人眼前一亮。精致的吊顶、木制的墙壁、洁净的桌椅让人心中很自然地生出一份舒畅感。店中左边墙壁上张贴着一份红底黄字的贺老人羊杂简介，上面详细地记载着贺老人羊杂的创始经历和所获奖项。右边墙上悬挂着许多获奖证书和各种活动现场的图片。一份小小的羊杂，居然得到如此多的赞誉，真是令人敬佩！这里的就餐区分为两处，一楼大厅和二楼均可用餐。中午时分，吃饭的人比较多，点餐是要排队等待的。他家单是羊杂就有三种，一种纯羊杂，一种粉羊杂，还有一种血羊杂。此外，还有许多其他餐品，如油饼、炸鸡蛋、豆腐干、刀削面、凉菜、狮子头等。我点了一份 20 元的纯羊杂，又配了一份油条，足够补充我半天消耗掉的能量。

没过多久，羊杂就上来了。白细瓷的碗中，汤汁油亮，羊肝、羊肚、羊心、羊肺等簇拥在一起，分量足，色诱人，再加上嫩绿的香菜叶，自是勾得人食欲大开。油条为麻花形状，色泽金黄，蓬松油亮，两根油条缠绕在一起煞是好看。我夹起一块羊肚送入口中，咀嚼几下，感觉筋道滑溜，味美无比。我把羊肝、羊蹄、羊心、羊头肉搭配油条吃，肉的香、蹄的筋道、油条的香脆融合在一起，让我吃得酣畅淋漓，舒服至极。

听服务员说，羊杂汤做起来非常麻烦。单清洗就是一道烦琐的程序。清洗羊肠时，要用烧酒泡一段时间，清洗之后，再倒入食醋反复清洗，然后用清水多次冲洗。清洗羊肚也不省事。清洗的时候，先用纯碱揉搓羊肚有绒毛的一面，揉搓之后用铁丝圈朝着一个方向用力擦，反复几次才能将羊肚清理干净。羊肝、羊肺的清洗工作相对简单一些，但也需要用清水反复泡洗。羊杂清洗干净后，开始进入制作环节。先将水加入锅中，等水开后将羊肺、羊肝等羊杂切成小段放入锅中，再放入盐和包好的料包，用文火炖煮 1 小时后捞出切丝切块备用。接下来，将羊油切成小丁，放入锅中化开，然后关火降温，再开火放入辣椒面搅匀，如此，红光油亮、色泽艳美的羊油就熬成了。在羊油中冲入老汤，再放入切好的羊杂，稍煮七八分钟就可以了。将羊汤、羊杂盛起倒入碗中，撒上葱花或香菜，再放入陈醋，一道美味无比的羊杂汤便做成了！

晋城

山山水水蕴美味

八百里太行，由北向南逶迤前行，在与母亲河相遇之时，突然向西拐了一个弯，像一个巨大的怀抱，将晋城轻拥在它的臂弯里，温柔地俯视着。在这山山水水环绕下的晋城，一道道美食应运而生，香味飘散在这小城的上空，在每个人的鼻尖萦绕……

行住玩购样样通 >>>>>

行在晋城

如何到达

飞机

晋城暂无飞机场，离晋城最近的机场是长治王村机场。

火车

晋城目前有两个火车站，分别为晋城站和晋城北站。

长途客车

晋城境内公路较为发达，207 国道穿境而过，班线涵盖 10 多个省。

市内交通

公交

晋城市公交系统发达，有多条公交线路。

出租车

晋城出租车起步价白天为 2 千米 6 元，夜间为 2 千米 7 元，2 千米后每千米加收 1.4 元。

住在晋城

晋城大酒店

地址　晋城市城区凤台西街 88 号
电话　0356-2228888
价格　200 元起

酒店地处晋城市中心，交通便利，地理位置优越，房间内部装修豪华，居住环境典雅，商务办公设施齐全。

晋城一千零一夜酒店

地址　晋城市城区泽州北路 3748 号
电话　0356-2021001
价格　134 元起

酒店地理条件优越，与白马寺森林公园、司徒小镇等毗邻。房间设计富有特色，设施齐全，环境优雅。

玩在晋城

皇城相府

地址 晋城市阳城县北留镇皇城村
门票 80元起

皇城相府是清朝文渊阁大学士兼吏部尚书加三级、一代名相陈廷敬的故居，分为内城和外城。整个建筑府院连绵、雄伟险峻、层叠奇妙、金碧辉煌，被专家誉为“中国北方第一文化巨族之宅”。

王莽岭

地址 晋城市陵川县古郊乡王莽岭景区
门票 110元

王莽岭因地处南太行山巅地势最险要处而被称为“太行至尊”。云海、日出、奇峰、松涛、挂壁公路、红岩大峡谷、立体瀑布等，形成了王莽岭独特而美丽的自然人文景观。

购在晋城

七须黄花菜

店面 沁水县永丰七须黄花菜种植专业合作社
地址 晋城市沁水县嘉峰镇潘河村
价格 约18元/斤

七须黄花菜色泽金黄、干净整齐、肉厚肥硕、口感脆嫩、美味可口、营养丰富。

陵川党参

店面 陵川县马圪当农业开发有限公司
地址 晋城市陵川县梅园西街
价格 20~30元/斤

切开之后，陵川党参断面的纹路像盛开的五瓣花一样，色鲜味香，具有补中益气之功效。

开启晋城美食之旅 >>>>>

阳城绿化烧肝

地址　晋城市阳城县西街劳动巷2号

电话　18035605625

阳城烧肝

外焦里嫩味道美

“名列三城，风高五属”的阳城风光旖旎，景色宜人，著名的皇城相府就在这里。皇城相府是清朝一代名相陈廷敬的府邸，面积10万多平方米，依山就势，随形生变，错落有致，规模宏大。府中有雄伟险峻的河山楼、巍峨壮观的中道院、设计奇妙的藏兵洞、辉煌大气的御书楼等。这些建筑布局讲究，结构奇特。康熙皇帝御赐的匾额和对联“春归乔木浓荫茂，秋到黄花晚节香”至今仍保存完好。

出了皇城相府，我和同行的姑娘一起去寻找阳城的美味。据了解，阳城烧肝是阳城的一道特色名吃，它外焦里嫩、舒爽适口，深得当地人和外来游客的喜爱。当地热心人介绍，在阳城县西街劳动巷有一家阳城绿化烧肝，那里的烧肝焦脆爽口，与众不同，不仅可以自己一饱口福，还可以带给亲朋好友作为礼物。

我们两个在当地热心人的介绍下，没费多少周折就找到了阳城绿化烧肝。

虽然它所处的地段偏了些，但店内干净整洁，老板娘人也不错，待人非常和善。专门来吃阳城烧肝的人不少，大家都是一脸的期待，希望能在这里品到焦脆爽口、美味正宗的烧肝。不多久，我们点的阳城烧肝就上来了。烧肝被切成薄片，摆成花形放在盘中。我刚拿起筷子，就听对面的姑娘惊呼“果然美味！”我赶紧夹起一块，蘸上调好的醋汁放入口中，果然是焦脆酥嫩，不同于一般的肝片。一盘烧肝，不过片刻，就见了盘底。我俩觉得不过瘾，又点了一份，敞开肚皮大吃。

来店里的客人有本地食客，也有外地游客；有吃过再点的，也有品过之后打包带给家人的；还有的竟然向老板娘讨教制作方法。我心想，这是饭店的招牌菜，老板娘怎么可能说呢？可没想到的是，阳城烧肝的老板娘是个大气之人，竟然详细地说了阳城烧肝的制作方法。我心中不由感慨，原来，阳城烧肝之所以美名远播，不只是因为它味道宜人，更是因为老板娘很大气。

那么，阳城烧肝是怎么制作的呢？做之前，先备下这些食材：鲜猪肝、猪花油、淀粉、猪油脂粉、鸡蛋、甜面酱等，将备好的猪肝剁碎或切成细丝，加入葱、姜、蒜、花椒粉和精盐等，然后放入猪油脂粉、鸡蛋、甜面酱，将水和淀粉搅和后放入，搅拌均匀后待用。接下来，将猪花油放在面案上平铺开，将拌好的猪肝等原料平整铺上，然后将铺了原料的猪花油卷成直径约 3 厘米、长约 25 厘米的圆条，将圆条放入热油中煎炸，颜色至焦黄后捞出备用。在锅内加水，水开后将半成品的烧肝放入笼屉，用大火蒸 20 分钟左右取出，一份香气四溢的烧肝就完美出炉了。但是，此时的烧肝还不能食用。食用前需将它切成薄片，放入油锅中再次煎炸，捞出装盘撒上葱丝。此时，烧肝外焦里嫩，笼屉蒸成的软嫩、油炸而成的焦脆、各种调料的香气融合在一起，味美爽口，让人吃得心服口服！

一份小小的猪肝，一道别具特色的美味，这就是阳城烧肝，一道让人念念不忘的晋城美食！

街边小摊

地址 晋城市高平市泫氏街街头

电话 无

高平烧豆腐

灿灿黄金水中嬉

山清水秀的高平是炎帝的故里之一。高平是晋城市的北大门，这里有炎帝陵，有危峰秀拔、势冲霄汉的羊头山，有背山面水、居高临下的七佛寺，有山峦叠翠、松柏环绕的定林寺，有“月影照人，清澈可观”的金峰寺，还有令人回味悠长的高平烧豆腐。高平烧豆腐距今已有2000多年的历史。它因皮黄肉嫩、松软筋道、辛辣味香、风味独特而受到人们喜爱，成为一道久负盛名的汉族传统名吃。

在高平市长平购物广场处的游园内，有一组雕像，一位饱经沧桑的老人面前放着火炉，火炉上放着一个煮盆，老人一手执碗，一手执筷，正低头凝视煮盆。老人的脚边，是一个倒地的铁葫芦和一个放着杂物的工具箱。工具箱和火炉旁边是两个铁质马扎。雕像组合在一起，就是一幅完整的街头老人卖高平烧豆腐的画面。由此可见，高平烧豆腐早已深入人心。

我从热心的当地人口中得知，有一个卖烧豆腐的摊位，做出的烧豆腐金黄软嫩，非常可口，每天有很多人去那里买烧豆腐吃。

顺着热心人指引的方向，我和同行的姑娘很顺利地找到了那个摊位。一位六旬老人靠墙而坐，面前是一个烧得很旺的小火炉，炉上放着一个不锈钢盆，盆里的水正呼呼地往外冒热气。老人的旁边是一个木制的箱子，里面整齐地放着焦黄的豆腐。箱子旁边有几个手提袋和一个塑料盆，盆里放着清洗好的碗筷。矮小的木制长凳上，坐着两个等待的人。我们拉过凳子坐下，老人弯腰欠身，从箱子中取出豆腐，轻轻放入火炉上的盆中。水再次开了，嫩嫩的豆腐披着金色的羽衣，在水中欢快地跳起舞来。过了一会儿，老人开始捞豆腐。之前等待的两位食客应该是老人的熟客，彼此说笑嬉闹。将烧豆腐盛给他们之后，老人又盛了两份递给我们，并告诉我们，刚盛出的热豆腐蘸上蘸头吃，味道最好，因为烧豆腐的味道，主要取决于蘸头。我轻轻夹起一块豆腐，蘸了一下老人做好的蘸头，放进口中。豆腐果然焦香嫩软，豆香、蒜香和姜香混合着玉米面的香气，溢满口中，爽口至极。

烧豆腐制作起来非常麻烦，要先将豆腐切成 3 厘米厚、6 厘米长的方块，然后在火炉上架起铁箅子，将豆腐放在上面烘烤，烤至颜色金黄。之后在锅内加水，等水开后将豆腐放入，煮一会儿即可。蘸头的制作相对简单。先在玉米面中加入适量油炒香备用。把姜、蒜混合捣碎成泥，再掺入盐、豆腐渣和炒玉米面，搅拌均匀，蘸头就做好了。蘸头配上经水煮过的烧豆腐，吃起来脆嫩酥香，爽口爽心。

“抽丝剥茧做，勤翻细心烤。煮时鱼嬉水，食时软嫩香。”这就是高平烧豆腐，它以独特的制作程序、精心细致的烘烤、软嫩脆香的口感征服了众多食者，成为晋城一道流传千年的美味佳肴！

街边小摊

地址 晋城市阳城县的各街道

电话 无

小米煎饼
一张饼两种口感

磨滩地处阳城县东冶镇，空气清新，风景优美，冬暖夏凉，气候宜人，是人们休闲度假、旅游避暑的上好去处。这里有地势险要、四面环山的圣天寨；有葱茏蔽日、清凉舒爽的龙王沟；有视野开阔、易守难攻的响马寨；有河流斜穿而过，能听到风声水声的老龙洞；有水面宽阔，素有“沁河第一滩”之称的磨滩水上乐园。

磨滩的山和水是阳城的自然景观，而阳城小米煎饼则是阳城餐饮界的一景。当清晨的第一缕阳光破空而出，阳城的街街巷巷和路边小店里便开始飘出小米煎饼的香气。一个小摊儿，一群吃饭的人或蹲或坐，或站或等，构成了阳城早晨的一道特色风景。沐着早上的阳光，我和同行的姑娘按照路人的指点沿着阳城的街巷一路前行，最后来到一处巷子，这里的小摊有金黄香嫩的小米煎饼。

小摊这会儿人不多，我们有幸占得一条凳子。焦黄的小米煎饼刚出炉，我们各要了一份。小米煎饼中间凸起、周围很薄，像一顶扁扁的太阳帽，又像一个反扣过来的碗底。摊主说，煎饼的形状完全取决于烙饼的鏊子。鏊子底部中间部分凸起一个圆，将搅好的小米面汁倒入鏊子，面汁凝固后，就成了现在这个模样。我恍然大悟。低头咬上一口，小米的香气顿时溢了出来，满口弥香。煎饼的边缘吃起来焦嫩酥香，中间则绵软适口。一张饼，两种口感，这也是阳城小米煎饼的一绝。

摊主说，小米煎饼制作起来非常麻烦，要先用清水把小米泡一天，然后用石磨把泡好的小米磨成糊状，之后发酵一天，然后加入碱以去除小米发酵产生的酸味，最后加入水调和成稀稠适度的面汁，并放入盐和葱花等调味品。接下来，在火上放置摊煎饼用的鏊子，放油，用勺子舀出面汁，倒入鏊子摊匀，盖上锅盖，等煎饼颜色变成金黄色即可拿出食用。当然，煎饼再好吃，也需要搭配别的食物，而阳城杂割，就是最佳选择。

据摊主讲，小米煎饼还有另外一个名字，叫“发家煎饼”。谁家搬新家，第一件事就是吃发家煎饼。乔迁新居那天，主家必先支起鏊子，做好各种口味的煎饼，葱花味的、红糖味的、鸡蛋味的、五香味的，请亲朋好友，甚至过路行人来吃。吃的人越多越好，因为这预示着主家日后必会财源滚滚、家业丰隆、和顺美满！

小小的阳城煎饼，有聚合天地之灵气的醇香小米，有打动人心的恋恋美味，还有来自心底的真诚祝愿和美好祝福。这就是阳城煎饼，美味与祝福的美好化身！

金福楼大酒店

地址　晋城市陵川县梅园西街162号

电话　0356-6869777

石头炒鸡蛋

鸡蛋敢碰石头

“不登王莽岭，岂识太行山。天下奇峰聚，何须五岳攀。”王莽岭位于晋城市陵川县的古郊乡内，巍峨挺拔，风景秀丽。当年，王莽追赶刘秀时在此安营扎寨，故称王莽岭。这里的云海、奇峰、日出、松涛、挂壁公路、红岩大峡谷、立体瀑布，形成了八百里太行最著名的自然景观，素有“清凉圣境”“避暑天堂”“世外桃源”“太行至尊”之美誉。

陵川的王莽岭美誉天下，陵川的“石头炒鸡蛋”也闻名于世。众所周知，鸡蛋碰石头，那叫自不量力，可是陵川竟然出了“石头炒鸡蛋”，是陵川的石头不够坚硬，还是陵川的鸡蛋坚硬如铁呢？

其实都不是。陵川的石头依然坚硬，陵川的鸡蛋依然壳脆。“石头炒鸡蛋”是陵川当地流行已久的一种特色菜。将新鲜的土鸡蛋打成蛋液搅入葱花，倒入盛有光滑小石子的锅内炒熟，炒熟的鸡蛋色泽金黄，香味绵长，十分诱人。

石头炒鸡蛋如此神奇，我们决定前去一品。从王莽岭出来后，我们便直奔陵川县金福楼大酒店，据说那里的石头炒鸡蛋用的是箕子山的石头和正宗的土鸡蛋，食之鲜香，味美难忘。

金福楼大酒店位于陵川县梅园西街，远远望去，气势恢宏，门外悬挂着的几排大红灯笼更增添了几分喜庆。大厅的装修精致考究。

酒店的菜品十分丰富，有党参三菌汤、手工豆面、手抓羊排、麻油老豆腐、铁板烤肉、椒盐无刺鱼等几十种，当然，还有著名的石头炒鸡蛋。在服务员的推荐下，我们点了一份石头炒鸡蛋，两份手抓羊排，还有一份党参三菌汤。服务员说，石头炒鸡蛋既营养又美味，很受大众欢迎，凡是来这里吃饭的人，都会点上一份。

这里的上菜速度很快。手抓羊排最先上来，两个精致的透明小碗里各放着一份手掌大小的烤羊排，羊排的前骨端由锡纸包裹，方便食客食用。不等石头炒鸡蛋和党参三菌汤上来，饥饿的我拿起手抓羊排就咬了一口。羊排烤得焦脆酥香，不膻不腻，吃一口，醇香至心。我正陶醉在羊排的美味中时，石头炒鸡蛋上来了。鸡蛋黄灿灿的，细碎的葱花夹杂其中，散发着悠悠的清香。箕子山的石头白润透亮，和鸡蛋缠裹在一起——果真是石头炒鸡蛋！我举箸而食，只觉这状如花朵的鸡蛋香软焦脆，葱香满口。服务员过来沏茶时简单介绍了一下，说炒鸡蛋的石头选用的是箕子山的石头，这些石头大小如核桃，光滑润亮；鸡蛋则选用当地的土鸡蛋，营养价值高。

色泽金黄，味道醇香，既可果腹，又可滋养身体，这就是陵川独特的乡土美味——石头炒鸡蛋！

吕梁

古城悠悠炊烟飘

“梯田层层土肥沃，屋舍间间坐其中。蓝天白云天明净，灯火辉煌燃黄昏。”吕梁，既有美景可观，亦有美食可品。不经意间，谁家灶台里悠长的清香就会飘入鼻中……

行住玩购样样通 >>>>>

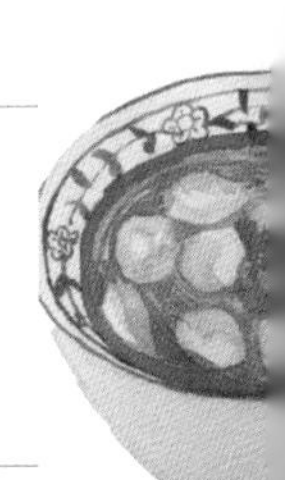

行在吕梁

如何到达

飞机

吕梁大武机场现已开通至北京、上海、咸阳等多个城市的航线。

火车

吕梁火车站有直达北京、太原、哈尔滨、长春、西安等城市的列车。

长途客运

307 国道与 209 国道贯穿整个吕梁市。离石汽车站是吕梁汽车客运交通的枢纽，有开往太原及周边地区的客运班车。

市内交通

公交

吕梁市区有公交车，能满足市民出行的基本要求。

出租车

吕梁市出租车白天起步价为 1.5 千米 5 元，超过 1.5 千米后每千米 1.4 元；晚上（21:00 至次日 5:00）起步价为 1.5 千米 6 元。

住在吕梁

汉庭快捷酒店

地址　吕梁市离石区永宁西路 3 号
电话　0358-8355666
价格　103 元起

酒店地理位置优越，房间宽敞温馨，提供免费的无线上网服务、打印服务等，服务贴心，性价比高。

孝义东泰海外海大酒店

地址　吕梁市孝义市三贤路 9 号
电话　0358-6648888
价格　178 元起

这是一家集餐饮、客房、娱乐服务于一体的星级精品酒店，位置十分优越，交通便利，周边餐饮、休闲、购物等设施一应俱全。

玩在吕梁

北武当山

地址　吕梁市方山县北武当镇
门票　旺季72元，淡季60元

北武当山由72峰、36崖、24涧组成，主峰香炉峰海拔2254米。山中古松苍翠，奇花争艳，是我国北方著名的道教圣地。“仙音阶”是北武当一奇，游人踏上石阶就会发出“啷儿、嘟儿”的古乐之声。

庞泉沟

地址　吕梁市交城县庞泉沟镇
门票　120元

庞泉沟是国家级自然保护区，以世界珍禽褐马鸡及华北落叶松、云杉次生林为主要保护对象，森林覆盖率高达86%，区内峰险景奇、山泉长流、鸟类群居。

购在吕梁

文水葡萄

店面　早黑宝葡萄采摘基地
地址　吕梁市文水县西
价格　6元/斤

文水葡萄品种有巨峰、龙眼、黑鸡心、红鸡心、白羽、龙宝等，皮薄肉嫩，味道香甜。

吕梁红枣

店面　天骄红枣
地址　吕梁市离石区滨河北西路24号
价格　约5元/斤

吕梁红枣产于号称“天下红枣第一县”的临县，素有“人参果”之称，颗粒硕大，呈圆柱形，果肉甜软润香。

开启吕梁美食之旅 >>>>>

宏家炖菜馆

地址 吕梁市中阳县滨河西路61号

电话 15135257093

柏子山羊肉

祛寒滋补味鲜美

仙明洞位于中阳县宁乡镇，是一个海拔1300米的横向熔岩洞穴，其中主洞深约350米，分大、中、小3个洞区，洞中有洞，洞洞相连；洞中石笋、石柱林立，蔚然壮观；壁书条条，清晰可见。曹操之子曹彰亦在洞内题诗作记，欲求有仙道之力相助，以解河东之危急。

除了仙明洞，在美丽的中阳县，还有一种以鲜嫩清香、无腥无膻而闻名于山西省内外的著名传统特产——柏子山羊肉。中阳县地处吕梁山，那里有古老的柏树林、一年四季都生长的小地柏和从柏树上落下的连绵不绝的柏籽、柏叶。柏籽、柏叶具有安心、养神、润燥之功效，在这里饲养的羊，因食柏籽、柏叶而具有养神安心、调理气血、祛寒止痛等功效，因此柏子山羊肉被誉为“三晋百宝”之一。柏子山羊肉常常作为高级滋补之食，深受当地老人和产妇的喜爱。

柏子山羊汤，就是当地人特别喜欢的一种吃法。做这道菜，需先备下3斤羊肉、2.5 斤鲜羊骨、4 斤生羊油、桂皮、良姜、白芷、草果、大葱、姜块、盐、香油、味精、香料水，还有香菜叶子和青蒜苗等。接下来开始制作。先将鲜羊骨斩开，腿骨用刀背砸碎，用清水浸泡 2 小时后放入锅中以大火烧开，反复去除浮沫后捞出，用清水洗净。之后，在锅中加入清水，烧至水温升高时将羊骨放入锅底，上面放上羊肉，水烧开之后撇去浮沫，再在锅中加入清水大火烧开，去除浮沫后将羊油铺在羊肉上面，大火烧开后调成小火炖 1 小时左右，等到汤色发白、羊肉八成熟时，加入桂皮、良姜、白芷、草果，待锅内羊肉煮熟时，放入葱段、姜块、盐等，搅动均匀。之后，将羊肉捞出放凉，并切成小块放入碗内，放入香菜、蒜苗、味精等调料，然后盛汤入碗，放入掰碎的烧饼，喜欢吃辣的可放入辣椒油，此时，便可享用一碗鲜香味美的柏子山羊汤了。

还有一种家常菜肴叫“葱爆柏子山羊肉”，材料以羊腰板肉为主，另备下酱油、大葱、绍酒、植物油和姜末等。材料备好，接下来开始制作。首先将新鲜的羊腰板肉洗净切成薄片，兑入酱油和绍酒并搅拌均匀，将姜剁碎、葱切片备用。之后在锅里倒上油，烧至九成热时，把肉、葱、姜同时放入锅内，用旺火爆炒，等肉片变色时出锅装盘。最后是“葱爆”的制作：先在锅中放油，再放入葱和各种调味料，不上浆挂糊，翻炒均匀即可。做好的葱爆羊肉色泽明艳，鲜香扑鼻，味美诱人。

无论是柏子山羊汤，还是葱爆柏子山羊肉，其美味和营养早已得到当地人的认可和喜爱。若是来到这里，可千万别错过了。

老七冒汤夹肉饼

地址　吕梁市兴县城中路与新建西路交叉口北150米

电话　13593416311

兴县冒汤

聚集无限能量

石楼山风景区位于吕梁兴县，面积约30平方千米，它既是古代佛教圣地，又是历史上的屯兵之所和关隘要地。石楼山因其形似三层石楼而得名，它突起于群峰之上，矗立于万山环抱之中，远看如天外奇楼，纵观其层峦叠嶂，林木葱郁，植被完好，景色秀丽。石楼山山势奇险，遗迹甚多。“石楼晚照”“楼山大象”“灵龟卧云”“天狗啸日”“莲峰石猴”“通天栈道”“南天门”“飞来石”等自然景观为石楼山平添几分魅力。“石楼晚照”是石楼山一大奇景。据史料记载，早在隋末唐初，这里即有佛教活动。公元624年，这里开始大兴土木，鼎盛时期的寺院曾有房屋数百间，僧众200余人。每到红日西沉，晚霞辉映之时，此山完全融于落晖之中，形成酷似莲花状的奇观，故而被称为“石楼晚照”，为兴县“十大奇景”之一。

“石楼晚照”是兴县“十大奇景”之一，而兴县冒汤则是兴县一大奇吃。什么是冒汤呢？冒汤就是以饺子、山药、粉条、羊肉等为主料，佐以豆腐皮、葱段、鸡蛋饼丝等十多种材料精制而成的咸麻酸辣、鲜香可口的“扁食冒汤”。它是山西有名的汉族传统小吃，其中又以兴县冒汤最为有名。

在兴县，卖冒汤的店铺很多，饿了，走进店铺，喊老板来一份扁食冒汤，“呼噜呼噜”吃下去，饺子的香、汤汁的麻辣都令人畅快无比。彼时，肚子也饱了，心也暖了，整个人都愉悦舒服了。于是，我循着兴县的街道，前去寻找闻名山西的兴县冒汤。在城中路与新建西路交叉口北面，找到了一家名为“老七冒汤夹肉饼”的小餐馆。这是一家寻常的餐馆，店内地方不算大，稍显拥挤，但是非常干净。我在餐台前点了一份兴县冒汤，又点了一份肉饼。

很快，服务员就端来了一份冒汤。盛汤的瓷碗已然陈旧，但碗中的冒汤颜色却十分鲜亮：筋道细腻的粉丝白嫩爽滑，与绿色的海带丝和黄色的鸡蛋饼丝纠缠在一起，不离不弃；白色的饺子如同元宝；汤面上撒着绿色香菜；辣椒油像一团红色的锦缎，温柔地将碗中之物轻拥在怀。一碗小小的冒汤，仿佛聚集了无限能量，让你情不自禁地想要大快朵颐。

饺子是羊肉馅儿的，尝一口鲜香的气息便扑入口中。一个饺子入口，我又夹起饼丝，饼丝软嫩可口，想来应该是摊饼的时候作料撒得很均匀的缘故。冒汤有七八种配料，几乎每一种都是老板自己做的。饺子、粉丝和鸡蛋饼丝，这几种需要自做的材料备齐后，还需备下海带丝、葱丝、花椒、生姜、胡椒、食盐和醋等调料。做时先将饺子和粉丝下锅，煮熟后盛在碗中，再盛上汤，放入鸡蛋饼丝、海带丝、葱丝、胡椒粉等配料，喜欢的可以放入辣椒油，然后搅拌均匀就可食用。

一份小小的兴县冒汤，却是功力和工夫的完美结合。

红梅油糕店

地址　吕梁市孝义市三贤路203号

电话　13293845028

驴打滚和黄米油糕

喷香的甜品

素有“天上人间”之称的吕梁市岚县，除了乡土美食“榆皮面饸饹”，还有一种特色美食——“驴打滚”。这个驴打滚，究竟是什么样的美食？为什么还有这么奇怪的名字呢？

其实，驴打滚是一种豆面糕，是岚县最古老也最有特色的小吃之一。最初在制作的时候，需要把做好的面糕放在炒熟的黄豆面中滚一下以沾上黄豆面，而面糕在黄豆面中滚的时候，会将炒好的黄豆面弄得烟尘滚滚，貌似郊野真驴打滚，扬起满地灰尘，于是豆面糕就有了现在这个名字——驴打滚。如今，豆面糕的叫法早已没入烟尘，取而代之的，是颇有诙谐意味的“驴打滚”。

驴打滚是一种甜点，它有着非常好看的品相，淡黄色的豆面裹着红色的豆沙，一圈一圈缠绕起来，层次分明，甜香宜人，既是一道美味可口的佐餐甜点，也是走亲访友的极好礼品。因此，驴打滚在当地非常受人们欢迎。

在吕梁市的超市或者甜品店、糕点店，都出售驴打滚这种甜点。那么，它是怎么制成的呢?

在制作的时候，先将磨好的黄豆面放入无油无水的干燥平底锅内，调成小火，用铲子在锅内不停翻炒黄豆面，使其均匀受热。待豆面的颜色由浅黄变为浅褐色，并且有豆香味溢出，就表明黄豆面已经炒好了。将炒好的黄豆面放凉过筛备用。接下来开始和面。将糯米粉放入盆中，倒入清水用筷子搅拌均匀，使糯米粉均匀吸收水分，然后将其揉成面团。将面团放置在一个平底的容器中，将面团压平，然后放进蒸锅中用大火蒸上 20 分钟左右。离火后将保鲜膜蒙在容器上面，降温防干。将降温后的面团放在面案上，在上面撒一层黄豆面，防止粘连。用擀面杖将面团擀成所需的厚度和长度，将红豆馅儿均匀涂抹在擀开的糯米面上，然后从面的一端开始一点点卷起来。卷的时候一定要卷得紧密，以免中间有空隙。最后，用刀将卷好的面圈切开，将黄豆面撒在上面即可。也可在擀开面团的时候，在面案上撒熟芝麻，这样，做好的驴打滚表面就有一层细密的芝麻粒，既好看，又好吃。

在吕梁，除了用黄豆面、糯米面做的驴打滚，还有一种黄米面做的黄米油糕，它外焦里嫩，色泽金黄，甜糯可口，味香扑鼻。油糕虽小，却也以其独有的特色，征服了众多美食爱好者。

黄米油糕的制作不麻烦。将磨好的黄米面倒入盆内，加入清水搅拌均匀，变成湿块状后，放入笼屉蒸半小时左右，然后出锅倒入盆中，用冷水沾手趁热揉匀。之后，将揉好的面团抹上少许食用油备用。接下来是豆沙的制作。如果是买成品的豆沙馅儿，就会省去自做的麻烦。如果要自己制作豆沙馅儿，可先将红小豆和红枣洗净后放入开水锅中小火焖煮到软烂，然后去除枣核，加入红糖捣烂成泥，豆沙就做好了。

接下来开始正式制作油糕。在手上抹少许油，然后拽下一块约 50 克的面团，先揉圆后再用掌心压扁，包上自制的豆沙，团成球状，最后用手按压成扁圆形，放入烧热的油锅中煎炸，待色至金黄即可捞出，等稍凉后食用。炸黄米油糕的时候，油温不能太高，这样内外受热均匀，炸成的油糕才色泽金黄、外焦里嫩。若油温过高，则炸出的油糕外煳内生。

同是一团面，因不同的制作方法，便能制作出不同口味的美食，这其中体现的是美食美味，更是一种生存的智慧。

街边小摊

地址　吕梁市石楼县各街道

电话　无

水晶豆腐

降压减肥又营养

石楼县位于吕梁山西麓、黄河东岸，因县东有通天山石叠如楼而得名。石楼县有不少古建筑和风景名胜：有占地2800平方米的兴东恒东岳庙，有殿山圣母庙和元代戏台，有建于明代的“无根楼”——四照楼，还有郝氏大院、红军东征纪念馆、黄河湾、石楼永由古槐等。

水晶豆腐是吕梁市特有的一种地方小吃，它色泽晶莹，味道鲜美，滑而不腻。在吕梁市石楼县，水晶豆腐一直扮演着极其重要的角色，无论是宴请好友，还是家中办事，都少不了这道菜肴。

那么，水晶豆腐究竟是何物，为何如此受青睐呢？我原先以为水晶豆腐是用我们平日所食用的豆子磨成的豆腐，后来才发现，它的原料竟是我们素日常吃的蔬菜——土豆。而这一发现，实际上源于一次与它的偶遇。那日，从景区回到石楼县后，饥肠辘辘的我们在街边看到一家小吃店，于是进去点餐。菜单上一道名为水晶豆腐的热菜吸引了我。我素喜豆腐，尤其是加入各种调料和少许辣椒炖得软软嫩嫩的豆腐，配上一份米饭，好吃到停不下嘴！

于是，我们点了米饭和水晶豆腐。没多久，米饭和水晶豆腐上来了。我当时怀疑服务员搞错了，因为这水晶豆腐不是我要的那种白白嫩嫩、爽滑可口的豆腐。这道菜看上去色泽晶莹，虽形似豆腐块，但颜色发黄，且少了豆腐的软嫩。服务员解释，水晶豆腐实为土豆所做，因形似豆腐，故而称水晶豆腐。

我这才知道了水晶豆腐的由来。既然点了此菜，说明我和它有缘，于是我拿起筷子开吃。夹起一块入口，没想到它竟然脆而鲜香，入口爽滑，与米饭搭配吃，居然丝毫不逊于真正的豆腐。

形似豆腐，味道鲜美，这就是水晶豆腐，一道盛行于吕梁的美味佳肴！

街边小摊

地址　吕梁市临县城关镇各街道

电话　无

油锄片
芝麻香草的完美结合

临县位于山西省吕梁市，号称“中国红枣之乡”。这里的红枣产量大、品种全、品质高。除了红枣，临县还有丰富的旅游资源，始建于东汉的正觉寺、始建于隋朝的善庆寺等，都是临县颇具代表性的旅游景点。临县城关镇的油锄片也是当地一道颇具特色的美食，因形状酷似农民田间劳作时用的锄片而得名。它不仅是一种大众喜爱的风味小吃，也是当地的送礼佳品。

在临县城关镇的街头，早餐或晚餐时分，总会看到许多人在一个摊位前排队等待。摊上有一个烙饼的鏊子，上面放着几张半成品，还有三个人正在忙碌着，一个做饼，一个烙饼，一个卖饼。有一天，我实在好奇，便加入等待的队伍，边看边等。

只见摊前一人，取出发好的面团，擀成长形，然后在表面抹上酥油，再卷起切成三大、三小的几块面。之后，将大的面剂子捏扁，把切好的小剂子包在大剂子里，包成球形后，再擀成椭圆形的面片，从中间一分为二，在上面撒些芝麻，抹上一层油，然后放在鏊子上，待一面呈金黄色，再翻至另一面烙制，之后再放入铁鏊子下的炉内烘烤几分钟，等色泽金黄、里酥外脆时取出便可。

终于轮到我买饼了。拿着老板娘递过来的焦脆酥黄的油锄片，我咬了一口，饼又酥又脆，直香到心里。这么一张饼，没几下就被我吃完了。意犹未尽的我又朝老板娘买了一个。看在我是游客的分儿上，后面排队等待的人没和我计较，让我加塞买了饼。

临县留给我的，不只是好吃的油锄片，还有当地淳朴的民风和谦让的美德。

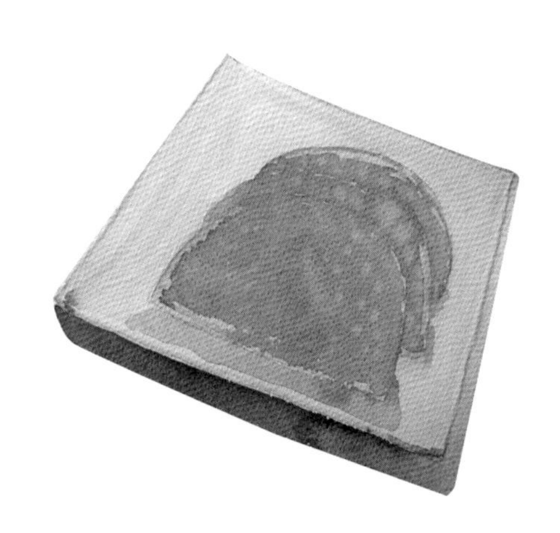

忻州

『杂粮之都』秀美味

素有“中国杂粮之都”美称的忻州，钟灵毓秀。它既有佛教名山五台山，又有雄浑苍劲的雁门关；既有荞麦面、豆面、玉米面，又有黄米、糯米、黑小米……让我们一起走进忻州，了解忻州，赏忻州的美景，品忻州的美味吧！

行住玩购样样通 >>>>>

行在忻州

如何到达

飞机

忻州五台山机场开辟有飞往天津、上海、银川、重庆、广州、长沙等城市的航线。

火车

忻州有两个火车站，分别是忻州站和忻州西站，其中忻州西站为高铁站。

市内交通

公交

忻州市有多条公交线路，运营时间夏季一般为7:00—20:30，冬季为7:00—19:30。

出租车

忻州市出租车起步价日间为2千米6元，夜间为2千米7元。

住在忻州

宜必思酒店

地址　忻州市忻府区七一北路66号
电话　0350-3307999
价格　148元起

酒店离著名的景点古城楼和忻州古城不远，有中式快餐厅，干净、舒心。

榆园温泉度假村

地址　忻州市忻府区顿村度假路
电话　0350-3611001
价格　228元起

忻州榆园温泉度假村位于号称“三晋第一村”的顿村，与五台山相邻，交通便利，环境优美，是一个集旅游、度假、娱乐、疗养于一体的度假村。

玩在忻州

五台山

地址　忻州市五台县台怀镇
门票　旺季 135 元，淡季 120 元

五台山是中国佛教圣地及旅游胜地，望海峰、锦绣峰、翠岩峰、挂月峰、叶斗峰五峰耸立，峰顶平坦如台，故称“五台”。整片区域殿宇巍峨、佛塔摩天，建筑金碧辉煌，寺庙鳞次栉比，是中国历代建筑荟萃之地。

雁门关

地址　忻州市代县雁门关景区
门票　90 元

被称为“中华第一关”的雁门关是长城上的重要关隘，它地势险要，峰峦叠嶂，山崖陡峭，关墙雉堞密集，烽堠遥相呼应，是著名的古战场。

购在忻州

原平锅盔

店面　原平福诚惠食品有限公司
地址　忻州市原平市城南大运路西（曹三泉东新郭下村口）
价格　3 元以上，价格不等

原平锅魁是一种烤制的面食，有空心锅盔和实心锅盔两种。不包馅儿的是空心锅盔，包馅儿的多为甜馅儿锅盔、梅橙锅盔、鲜肉锅盔等，具有香、甜、酥、脆的特点。

忻州香瓜

店面　惠通辣椒种植专业合作社
地址　忻州市忻府区曹张乡北兰台村
价格　约 10 元 / 斤

忻州香瓜营养价值丰富，被誉为“水果之王”，因其甜、脆、沙而闻名。

开启忻州美食之旅 >>>>>

三妮饭店

地址　忻州市定襄县解放西街与新开路交叉口（新开路口）

电话　0350-6028316

定襄蒸肉

粉嫩蒸肉味道香

忻州市定襄县有许多风景名胜，有阎锡山故居，有全国重点文物保护单位定襄洪福寺，有建于宋宣和五年（1123 年）的关王庙，还有我国保存最完整的三大地道战遗址之一的西河头地道战遗址。

独特的地理条件孕育出了定襄独特的风景，同时也孕育出了独特的美食，定襄蒸肉便是诞生于这片土地上的一道特色美食。它是定襄塞北的一种汉族名吃，曾为当地进贡宫廷的贡品，以色香味美、口感绵润、多食不腻等特点，征服了众多美食爱好者，并走出忻州，走出山西，传到全国各地。

在定襄县新开路口，有一家三妮饭店，那里的定襄蒸肉色泽鲜亮，香醇诱人，吸引着众多过往的食客。我和同行的姑娘打车前往，很快便到了三妮饭店。三妮饭店的老板曾被评为“山西省餐饮业十佳巾帼丽人”，而她所经营的三妮饭店也是忻州地区的“十佳餐饮企业”。三妮饭店的外部装修非常朴素，极符合当地朴实的民风。店内大厅干净整洁，最显眼的是墙壁上悬挂的几个奖项，包括“忻州市名菜奖”和“忻州市名吃奖”等。

菜单内容很丰富，我们点了定襄蒸肉、香辣鸡翅和玉米羹汤。

很快，定襄蒸肉就上来了。盘子里的蒸肉色泽粉嫩，附有蘸汁。香辣鸡翅和玉米羹汤也随之端上，然而汤的鲜美和鸡翅的嫩香都吸引不了我的目光，我一心只想着那盘蒸肉。我拿起筷子夹起一小块蒸肉，放进口中细嚼，只觉肉软嫩酥香，口感绵润，香浓到心里。我赶紧招呼正啃鸡翅的小姐姐，她忙不迭地夹起边缘最小的一块蒸肉放进口中，马上惊叫：“这才是真正的美味啊！”就这样，一份羹汤，一份蒸肉，就着香辣鸡翅，我们吃得痛快淋漓，舒爽至极。

那么，这个当年的宫廷贡品，是怎么做的呢？做前准备好土豆、猪后臀肉这两样主料，以及淀粉、盐、葱、姜、五香粉、花椒粉和芝麻香油等辅料。先将土豆洗净去皮，用刀切成小块，加水煮熟后捞出捣烂成泥备用。接下来将猪后臀肉洗净切丝，姜和葱也切丝，将切成丝的猪后臀肉和葱丝、姜丝放在一起，加入适量食盐、花椒粉和五香粉等调料，搅拌均匀，放置半小时左右。在土豆泥里加入适量淀粉——淀粉既有融合凝固的作用，也有增加筋道爽滑口感的作用，但用量一定要掌握好。倒入冷水，将土豆泥调成面糊状，将腌好的肉丝放入面糊里，滴入几滴芝麻香油，然后搅拌均匀。取一个空碗，在碗内均匀涂抹一层油，将拌好的食料倒入碗中，用手蘸水将表面抹平，然后放入烧开的笼屉中，碗加盖子。大火蒸 40 分钟之后关火，取出蒸肉的碗，放凉后再次上笼屉蒸 20 分钟，之后取出倒扣盆中，用一块平板压瓷实后，冷却即可食用。

“粉嫩食物味道香，土豆猪肉成时尚；古有皇帝来偏爱，今有百姓共来尝。”这就是定襄蒸肉，一道美味佳肴，一朵在定襄大地上盛开的食界之花！

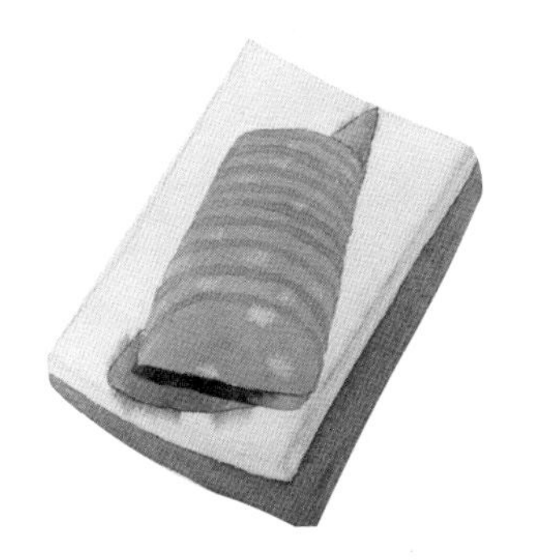

那家烤鱼

地址 忻州市忻府区世纪花苑商铺32号

电话 0350-3030666

那家烤鱼

麻辣鲜香

“天下九塞，雁门为首。”雁门关地势险要，与“宁武关”“偏头关”并称为内长城的“外三关”，这里峰峦叠嶂、山崖陡峭，关墙雉堞密集，烽堠遥相呼应。历代许多威武猛将，凭借关山之险，谨防慎守，用生命保卫着美好的家园，守护着一份祥和宁静。唐代诗人李贺曾作《雁门太守行》，道出了雁门关守城将士的征战之景和雁门关依山傍水的豪迈气势。

忻州的雁门关是一个神奇的存在，忻州的烤鱼一样令人铭记。在忻州市忻府区有一家名为“那家烤鱼”的店，制作的烤鱼有微辣、椒麻、酸菜等多种口味，酱汁浓香，鱼肉鲜嫩，吸引了众多的美食爱好者前往。我一向爱吃鱼，自然不能错过这样的美味，于是欣然决定和小姐姐一同前往。

我们在路边顺利地拦到了出租车，当即前往忻府区。开出租车的司机师傅基本都很健谈，只要上了车，他们便会主动攀谈打破沉闷的气氛，而我也习惯了聆听他们细细讲述一些当地的风土人情，介绍一些名胜古迹，以便自

己在日后的旅行中更好地制订出行计划。

闲聊让人不寂寞，没多久我们便到了那家烤鱼的店前。抬头细看，那家烤鱼的外部装修时尚，暗底色的门头上有着炫目的黄色大字“那家烤鱼”，虽然檐廊底下间距规整地悬挂着几盏喜庆的大红灯笼，但这些标志性的老物件依然未能减去它的半分时尚。左边门窗处，有几幅鱼和酒杯、酒瓶的图片，显得青春气息十足。若是夜晚灯光打起来，此处必然多彩炫目，讨人喜欢。它与我之前所看到的那些古朴典雅的装修相比，自然又显出一种不同的韵味，产生一种时尚与古典的对比。有了外部的装修做基础，内部的感觉自然不会差。一进店内，就感觉时尚的元素再次渗入店中的每个角落：闪亮的英文字母明朗且随意地分布在浅黄的墙壁上，玻璃的桌、透明的椅，间或放一张玫瑰红的椅子，点缀得恰到好处。整个大厅洋溢着时尚和青春的气息。

我们点了一份椒麻烤鱼。抬头看到旁边客人点的奶油紫薯，精巧的紫薯上面浇了一层厚厚的白色奶油，奶油在盘里流动，形成一个“湖泊”，看着非常不错。馋涎欲滴之下，明白一份椒麻烤鱼已经足够我们享用，所以还是放弃了再点菜的念头。

椒麻烤鱼上来的时候，对面坐的小姐姐惊呼了一声：“好大一份鱼！”的确，一条鱼几乎覆盖了整个托盘底部，鱼身上铺满了辣椒，均匀地散放着花生、葱段、碧嫩的香菜。我拿起筷子准备夹鱼肉，刚触到鱼皮，鱼皮倏然而落。我夹起鱼皮放入口中，鱼皮焦脆，入口生爽。夹起一块沾着酱汁的鱼肉，尝一口，调料的椒麻和酱汁的香，将鱼的腥味完全掩盖，只留下鱼肉的绵软鲜香，让人欲罢不能，回味无穷。一份烤鱼，让我们吃得心满意足。

说起烤鱼的制作方法，我们通常会想到把剖杀洗净的鱼放在炭火上烤制，加入调料。而那家烤鱼的制作方法，与我们通常所见的传统的制作方法是有区别的，它采用先烤后炖的独特做法，融合了烤、炖两种烹饪工艺。

美味的烤鱼、精致的装修、时尚的情调，成就了那家烤鱼令人无限向往的美味和时尚经典结合的风格。

天外天

地址 忻州市忻府区解原乡高速口静乐方向500米流江村（313省道与和平西街交叉口）

电话 18035037888

高粱面鱼鱼

清香爽口众人爱

忻州的杂粮种类繁多，有莜麦、荞麦、糜米、高粱等，其中高粱又居要位，不仅种植历史悠久、地域广阔，而且具有颗粒均匀、籽粒饱满、皮薄色鲜、营养价值高等特点，是忻州人最喜爱的粮食之一，忻州也因此获得“高粱之乡”的美称。智慧的忻州人紧抓忻州高粱独有的特点，在以高粱面为主的传统食物种类上进行深加工和制作工艺的提升。高粱面鱼鱼，便是几经改良并风靡忻州的传统美食之一。

高粱面鱼鱼是忻州地区乡间百姓粗粮细作的一种日常食品。普通高粱经过淘、煮、漂、晾几道工序并研磨成面后，用开水和好，再经人工搓。做好的高粱面鱼鱼，如河中一条条游动的鱼，故而得名。

据说，在依靠高粱面生存的年代，高粱面鱼鱼制作得是否标准和味道的好坏，成为婆婆考查媳妇是否灵巧的标准。因此，搓一手好面鱼鱼，成为姑娘出嫁前必须掌握的一门手艺，也成为新媳妇在婆家安身立命的资本。如今，搓鱼鱼这项费时费力难度又高的活儿，逐渐淡出年轻人的视线，四五十岁的妇女成为掌握搓鱼鱼手艺的中坚力量。虽然如此，在忻州吃高粱面鱼鱼还不是一件难事。随着现代人的养生标准从温饱年代大鱼大肉的喜好，开始向粗粮细作、绿色健康的方向转变，忻州的大小饭店都推出了高粱面鱼鱼。在忻府区解原乡流江村的天外天饭店，就有我们要寻找的传统美食“高粱面鱼鱼”。

来到天外天饭店，扑面而来的是清新的田园气息。院中的花草树木疏落有致，看得出主人布置得相当用心。橘黄色的琉璃瓦屋顶将整个庭院映衬得古色古香。庭院中间有就餐的桌椅，四周则是一间间供客人用餐的房间，房间无门无窗，用做工精良的木栅栏做隔断，田园意境立显。

我们选了院中的一张小桌坐下，背依大树，绿荫成片。服务员说，高粱面鱼鱼在这里叫红面鱼鱼，味道非常好。我们点了红面鱼鱼，之后又点了其他菜肴。没等多久，我们的红面鱼鱼就上来了。但见小鱼一般的面鱼鱼浅浮在碗中，酱肉裹藏在面鱼鱼中，与嫩绿的葱花相映成趣。我用勺子舀起面鱼鱼送入口中，面鱼鱼裹着肉的咸香、葱花的清嫩齐入口中，既清爽利口，又醇香满口。

同行的朋友说，高粱面鱼鱼的制作过程相当讲究，要经过煮、泼、搓、蒸、调五道工序。这五道工序中，煮、泼、蒸并不复杂，搓、调这两项才最考验手艺和水平。“搓”，即将蒜瓣大小的面团分放在面案的两边，将面团放在手掌下面，分别进行按压搓动。这些面团在手掌的作用下，均匀有致地在桌上滚动，待到粗细匀称方可。“调”，即调料的配制，酸菜汤、清蒸羊肉汤、番茄汤、猪肉蒜薹、粉条烩菜等，口味各异，极考验师傅的水平。

高粱面鱼鱼，一道融入乡情、民风的忻州特色美食，即使远走他乡，依然不能忘怀。

黄河餐厅

地址　忻州市河曲县黄河大街329号

电话　0350-6180456

河曲酸饭

酸中带香

在忻州市河曲县，流传着许多河曲民歌：“山药酸粥辣椒菜，你是哥哥的心中爱。”“寺墕的糜米，唐家会的蒜，五花城的闺女不用看。”“西口路上没好饭，西包头找浆米罐。糜米捞饭豆腐菜，你是哥哥心中爱。”一首首淳朴动人的民歌里，一次次提及河曲酸饭。

河曲酸饭乃忻州特色美食，是红糜米去皮、用酸水浸泡发酵后制成的食物，有酸粥、酸捞饭、酸稀饭等。酸饭含有乳酸菌，生津止渴，健胃消食，清凉泻火，而酸米汤则是米中精华，具有益气、润燥之功效。一年四季，河曲人都离不开酸饭。

如此受人青睐的河曲酸饭，究竟是怎样一种美食呢？那天，当地的朋友特意约我一起去一位相熟的老农家里，品尝这声名远播的河曲酸饭。尽管之前对酸饭进行过了解，但我仍然担心未必能吃得惯酸饭。

到了那里，山村宁静的景象使人深深地感受到一种淳朴安静的美好。虽然主人家中的布置略显简陋，但主人的麻利勤快仍然使人感受到一种祥和美好的家庭氛围。此时，干净的灶台上，女主人已将浆米罐打开，将锅放好。看到我们到来，女主人把在浆米罐里浆了一夜的糜米下到锅里，开始熬粥。趁着熬粥的间隙，女主人告诉我们，做河曲酸饭，有两点要注意：一是备留浆米的汤，二是熬粥时掌握好火候。将糜米下锅煮上一会儿后，再把一些煮米的汤舀回浆米罐里，以便下次浆米的时候用，这样连续不断、周而复始地更新，浆汤会越来越好，越来越香。做酸粥讲究火候，需要把握好“紧火捞饭慢火粥，加大灶火熬稀粥”的诀窍，这样才能煮出一锅美味的河曲酸饭。女主人边说边做，之后把火调成慢火，不停地在锅里搅动，约半小时之后，一锅酸香扑鼻的酸粥便做好了。女主人说：“做好之后，把煮熟的米从汤中捞出，捞出的熟米是酸捞饭，留下的米汤就是酸米汤了。河曲人一般早上吃酸粥，中午吃酸捞饭，晚上吃酸稀饭。酸粥于我们河曲人，作用可大着呢。”

接下来，便到了品尝酸粥的时候。看着好客的主人为我们准备的那碗颜色明净、黄白相间的酸饭，我抿了一小口。含在口中细品之下，真有种酸中带香的爽口之感。主人还为我们盛了一小盘红腌菜。他们每年在秋收之后把白菜、萝卜、蔓菁等切丝后腌制在一个大缸里，第二年立春之后捞出晾晒即可食用，味道也是鲜脆爽口。酸粥配腌菜，一直是河曲人早餐的绝佳搭配。

如今，酸饭的口味早已从单一的配腌菜，增加到了好多种口味，如山药酸粥、葫芦酸粥、红薯酸粥、辣椒菜酸粥、芝麻酱酸粥、烧茄子酸粥等。后来，我们在河曲县黄河大街的黄河餐厅，品尝到了辣椒菜酸粥，味道也相当不错。

归根结底，河曲酸饭不仅是一种饮食文化，更是一种精神的传承。

阳泉

传统美味此处寻

4400平方千米的土地，1300多万的人口，群山环绕，山水素净，峰峦叠嶂，云雾缥缈，钟灵毓秀的阳泉既有许多自然天成的美景，也有许多令人难忘的美味。

行住玩购样样通 >>>>>

行在阳泉

如何到达

飞机

阳泉市目前没有机场，但有太原武宿机场的城市航站楼，有机场直通车，可在此完成登机前的一切准备。

火车

阳泉市有两个火车站，分别是阳泉站和阳泉北站，其中北站有通往北京、天津、青岛、上海、杭州、唐山等城市的列车。

长途客车

阳泉市长途汽车站每天均有发往平遥、郑州、定州、榆次等地的客车。

市内交通

公交

阳泉市公交一般6:00发车，20:00收车。

出租车

阳泉市出租车起步价为2千米6元，之后每千米1.2元；22:00至次日6:00，加收20%的费用。

住在阳泉

7天连锁酒店

地址　阳泉市城区南山北路8号
电话　0353-2191777
价格　106元起

酒店地理位置优越，交通便利，服务周到，房间大而干净。

阳泉中悦水晶国际饭店

地址　阳泉市城区滨河新天地广场
电话　0353-2968888
价格　208元起

酒店设施齐全，房间布置非常舒适，早餐丰富，性价比高，周边环境也不错。

玩在阳泉

阳泉娘子关景区

地址 阳泉市平定县娘子关镇
门票 35 元

娘子关背靠峰峦，雄踞险隘，襟山带水，是历代兵家必争之地，更是一处景色迷人的红色旅游胜地。

藏山风景区

地址 阳泉市盂县苌池镇藏山村
门票 40 元

藏山风景区春天是花的海洋，夏天是避暑胜地，秋天是五彩缤纷的旖旎世界，冬天则是玉柱琼宫的人间仙境。

购在阳泉

枣介糕

店面 仇犹味道食品加工厂
地址 阳泉市盂县路家镇青城村
价格 约 5 元 / 斤

枣介糕是用黄米面和枣做成的糕点，它甜软糯香，美味可口。

荆花蜜

店面 金得蜂蜜饮料有限公司
地址 阳泉市平定县冠山镇大峪村
价格 25 元 / 斤

荆花蜂蜜是阳泉特产，呈琥珀色，含有较多的葡萄糖，容易结晶，入口留香，回味无穷。

开启阳泉美食之旅 >>>>>

糊嘟王平遥罐罐面

地址　阳泉市朝阳街牡丹园斜对面

电话　18935302378

糊嘟

家常便饭上桌来

糊嘟是用粗粮面与各种蔬菜混合熬制而成的一种食物，包含了人体所需的营养成分，尤其是含有丰富的维生素。它简单适口，营养均衡，是现代人较为喜爱的食物。

糊嘟盛行于山西阳泉。早年因阳泉地处贫瘠之地，糊嘟便成了山村贫苦人家的寻常食物。每逢阴雨天气或冬日下雪，闲下来的阳泉人便会做一大锅糊嘟，一家人围坐在一起，用筷子夹着糊嘟，配着做好的蘸料和炒好的辣椒土豆，吃得暖暖和和，舒舒服服。阳泉人家的幸福，都包含在一顿简单美味的糊嘟中。后来，当地的厨师将糊嘟原本单一的辣椒蘸料加以改进，配上其他鲜、香、麻、辣的蘸料，又因糊嘟营养均衡，非常符合现代人的健康饮食标准，于是阳泉糊嘟开始成为一些饭店的主推菜品，受到越来越多食客的喜爱。

走在阳泉的街上，经营阳泉糊嘟的餐厅随处可见。若说哪家餐厅的糊嘟最美味，还真不好下定论。因为，餐厅的就餐环境、个人的不同口味，以及糊嘟的制作方法等，都会成为个人心中的一个评判标准。但既然来到阳泉，总要品一品作为阳泉传统特色美食的糊嘟才不辜负这趟阳泉之行。行走之间，我们来到了朝阳街牡丹园斜对面的糊嘟王平遥罐罐面餐厅。

餐厅里就餐的人很多。也许是人多的缘故，服务员上餐很慢。尽管如此，我们仍然找了座位耐心地等待。好在，姗姗来迟的糊嘟没有让我们失望。黄澄澄的糊嘟裹着嫩绿的豆角，像一盘堆砌而成的艺术品。盘子旁边是一份酱料，黄白色的土豆丝配着已经软化的番茄肉，油红的辣椒上浮着白色的芝麻粒，一眼望去，让人垂涎欲滴。我拿起筷子，夹起一块裹着豆角的糊嘟，轻蘸了一下酱料，咬一口，顿时，糊嘟夹杂着土豆的绵软、豆角的爽口，和着芝麻粒悠长的醇香，弥漫在口中，久而不散。一盘普普通通的糊嘟，竟也能吃得满口生香，这其中究竟有什么秘诀呢？

糊嘟不仅用料丰富，制作起来也相当见功力。在制作之前，除了需要备下玉米面或莜麦面，还需准备土豆、新鲜蔬菜、瘦肉丝、大小米、酸菜、葱丝以及蒜瓣各少许。制作时，先将油加入锅中烧至七成热，然后把葱丝、蒜放入爆炒一下，再放入土豆丝或土豆丁、豆角等蔬菜，轻炒后加水炖煮，待锅里水开菜煮半熟时，将备好的粗粮面撒进锅中。撒面是很有讲究的，要根据锅里水的多少确定撒多少面，撒面时要沿着滚水的外圈撒面，中间和边沿留出上蒸汽的空隙。面撒好之后，盖上锅盖，用小火慢慢煮，待到锅中的水少到可以与面粉均匀调拌时，就开始调糊嘟。调糊嘟是糊嘟制作过程中最见功力的一项工序，需要两个人共同操作，一人双手紧握锅边，另外一人用擀面杖快速搅动锅内已经炖煮好的面和菜，使面、菜、水三者紧密融合，防止糊嘟过稠、过稀或夹有生面疙瘩，影响口感。

糊嘟的酱料可以根据自己的口味进行配制，除了阳泉常见的西红柿土豆酱，芝麻酱、香辣酱、香菇酱、虾酱、辣椒酱等也可以搭配糊嘟食用。

老号饭庄

地址　阳泉市平定县府新街铁路桥下（原化肥厂路口）

电话　0353-6063351

漂抿曲

根根分明滋味鲜

阳泉，亦称“漾泉”，因泉水喷涌而得名。阳泉的景，婉转清丽；阳泉的美味，出类拔萃。漂抿曲，便是盛行在阳泉的一道传统面食。

何谓漂抿曲？漂抿曲又名小河捞，是一种由绿豆挤压而成的面条，下入锅中绕成一团却根根分离互不黏连，待熟后捞入碗中仍浮在汤表面而不沉，因而得名“漂抿曲”。它起始于明朝，盛行于阳泉，长如挂面、细如毛粉、清爽利口、美味营养，因而深得阳泉人的喜爱。明末清初思想家、书法家傅山先生曾作《小河捞记》，对阳泉漂抿曲大加赞赏。

阳泉人喜欢漂抿曲，一年四季，他们的饮食里都少不了漂抿曲。寒凉的冬日清晨，早起的阳泉人顶着扑面而来的冷气，进店里吃上一碗热气腾腾的漂抿曲，再来一份金黄酥脆的烙饼，香气四溢的漂抿曲配着酥脆的烙饼一起下肚，瞬间暖心暖肺驱走寒冷；炎炎夏日，钟爱漂抿曲的阳泉人依然不忘早起吃上一碗热乎乎的漂抿曲，和着葱香、汤香、绿豆面香，虽然大汗淋漓，却畅快无比，个中滋味，只有习惯和钟爱漂抿曲的阳泉人才懂。

来到钟灵毓秀的阳泉，自然也要如阳泉人一般，尝一尝漂抿曲，才算过一把阳泉特色美味的瘾。据了解，在阳泉平定县有一家老号饭庄，迄今已有35年的经营史，因其菜品做工精细、制作讲究，且以挖掘和发扬平定菜系精品为己任而享誉三晋。漂抿曲是他家的压轴汤食，风味别致，清香利口，且有去火消暑之功效。我们乘车来到老号饭庄，远远地就看到“老号饭庄”几个醒目的大字，店面外观简约大气，颇有些老字号的味道。我们进店落了座，服务员便拿来菜单。既然是专程来吃漂抿曲的，我们就点了一份纯正的漂抿曲套餐——漂抿曲加家常烙饼。

没过多久，我们点的套餐就上桌了——虽是现做，速度却相当快。漂抿曲不愧是面食精品，只见镶着花边的细瓷碗里，一根根清清爽爽、绕成一团却互不粘连的面漂在汤面上，细碎的葱花点缀其上，但觉香气缭绕，勾人食欲。家常烙饼也很诱人，泛着金黄色的光泽，我拿起一块咬上一口，只觉焦脆味美，满口生香。接下来可要尝一尝漂抿曲的滋味了。我拿起筷子，夹起一根长长的绿豆面，闻之便觉有丝丝豆面之香，哧溜溜入口，不仅筋道爽滑，更有清新之味。待面下肚，喝上一口热乎乎的汤，一股热气直入肺腑，瞬间暖了胃也暖了心。

漂抿曲在制作时，先取绿豆面和少量精白粉面兑水和成软的面团，然后将面团放在一块用铁皮制成的布满圆孔的面板上，用特制的工具来回挤压，面从圆孔漏出后即成条状，放入沸水锅，遇沸水即浮起，待熟后捞入已经加好调料的碗中即可食用。漂抿曲的滋味美不美，调味是关键。漂抿曲的卤料是由一种叫作豆叶菜的乡间土菜熬制而成，堪称漂抿曲的绝佳搭配。卤料熬成之后，在漂抿曲入锅前，要先在碗中放入食盐、醋、卤料等调味料，然后加汤。待漂抿曲煮熟后捞入碗中，放入葱和香菜，即可食用。

“贵在丝，精在漂，味在汤，养在面，左右相承，合四时生生不息。”这就是阳泉漂抿曲的精髓。

老李抿圪斗馆

地址　阳泉市城区燕竹花园44号底商

电话　无

娘子关位于阳泉市平定县，有“万里长城第九关”之称。这里山明水秀、风光旖旎，是人们寻古访幽、旅游放松的好去处。雄伟的娘子关，是贫瘠荒凉的平定地界上一个骄傲的存在。平定县的另一宝，就是令人念念不忘的传统美食抿圪斗了。

抿圪斗是盛行于阳泉的一种面食，因其制成后状如蝌蚪而又称抿蝌蚪。抿圪斗易于制作，口味众多，且清新利口、易于消化，故深得人们的喜爱。“拉面抿圪斗，吃了不想走”，仅此一句话，便能看出平定人对抿圪斗的热爱程度。

抿圪斗于阳泉人，可谓生命之食。寻常日子，几乎家家户户每天都少不了抿圪斗的影子，后来，平定人逐渐将抿圪斗从家庭饭桌搬到餐厅，并制作出更多口味来适应大众消费。为了品尝到抿圪斗的美味，我跟着同行的朋友来到了阳泉市城区燕竹花园的老李抿圪斗馆。落座之后，我们点了两份抿圪斗。

因对抿圪斗的制作感到好奇，我和朋友在店内观看了厨师制作抿圪斗的过程。在一个特制的不锈钢抿床上，厨师将和好的面放在抿床上，将一块铁板放在面上用力地来回挤压，面块从抿床的小孔中挤出，变成一根根小细条落入锅里的开水中。厨师将抿床拿开，只见沸腾的水面上有许多“小蝌蚪”正上下游动。少顷，厨师拿了漏勺，将那些游动的“小蝌蚪”捞入碗中，然后浇上做好的臊子，不一会儿，一碗有着白嫩豆腐和暗绿酸菜的抿圪斗便做成了。

同行的朋友告诉我说，抿圪斗是杂粮做成的，营养丰富，非常符合现代人的养生标准。我拿起筷子，将抿圪斗和卤仔细搅匀，然后夹起抿圪斗放入口中。轻嚼一下，但觉面光滑筋道，醇香可口。朋友说，做抿圪斗时，绿豆面、高粱面、玉米面、荞麦面、莜面等都可以用。但是，不同的面粉做出来的抿圪斗长度、颜色和口味是不同的。

抿圪斗好不好吃，除了面的选用，跟所浇的臊子也有很大关系。人们通常所吃的臊子，一般是西红柿鸡蛋、西红柿豆角豆腐、炸酱、过油肉、禽蛋等，荤素俱全，以便人们各取所需。

而今，虽然抿圪斗已经很少有家庭自做，但如果想吃随时可以吃到——只需到阳泉平定的餐厅，便可一饱口福。这不是吹嘘，而是阳泉人对抿圪斗的一种由衷的喜爱！

本图书由北京出版集团有限责任公司依据与京版梅尔杜蒙（北京）文化传媒有限公司协议授权出版。

This book is published by Beijing Publishing Group Co. Ltd. (BPG) under the arrangement with BPG MAIRDUMONT Media Ltd. (BPG MD).

京版梅尔杜蒙（北京）文化传媒有限公司是由中方出版单位北京出版集团有限责任公司与德方出版单位梅尔杜蒙国际控股有限公司共同设立的中外合资公司。公司致力于成为最好的旅游内容提供者，在中国市场开展了图书出版、数字信息服务和线下服务三大业务。

BPG MD is a joint venture established by Chinese publisher BPG and German publisher MAIRDUMONT GmbH & Co. KG. The company aims to be the best travel content provider in China and creates book publications, digital information and offline services for the Chinese market.

北京出版集团有限责任公司是北京市属最大的综合性出版机构，前身为 1948 年成立的北平大众书店。经过数十年的发展，北京出版集团现已发展成为拥有多家专业出版社、杂志社和十余家子公司的大型国有文化企业。

Beijing Publishing Group Co. Ltd. is the largest municipal publishing house in Beijing, established in 1948, formerly known as Beijing Public Bookstore. After decades of development, BPG now owns a number of book and magazine publishing houses and holds more than 10 subsidiaries of state-owned cultural enterprises.

德国梅尔杜蒙国际控股有限公司成立于 1948 年，致力于旅游信息服务业。这一家族式出版企业始终坚持关注新世界及文化的发现和探索。作为欧洲旅游信息服务的市场领导者，梅尔杜蒙公司提供丰富的旅游指南、地图、旅游门户网站、App 应用程序以及其他相关旅游服务；拥有 Marco Polo、DUMONT、 Baedeker 等诸多市场领先的旅游信息品牌。

MAIRDUMONT GmbH & Co. KG was founded in 1948 in Germany with the passion for travelling. Discovering the world and exploring new countries and cultures has since been the focus of the still family owned publishing group. As the market leader in Europe for travel information it offers a large portfolio of travel guides, maps, travel and mobility portals, Apps as well as other touristic services. Its market leading travel information brands include Marco Polo, DUMONT, and Baedeker.